세상에 이런 국경

세상에 이런 국경

세상의 독특한 국경이야기

초판 1쇄 발행 2022년 12월 23일
초판 2쇄 발행 2024년 4월 26일

지은이   조철기

펴낸이   김선기
펴낸곳   (주)푸른길
출판등록 1996년 4월 12일 제16-1292호
주소   (08377) 서울시 구로구 디지털로 33길 48 대륭포스트타워 7차 1008호
전화   02-523-2907, 6942-9570~2
팩스   02-523-2951
이메일   purungilbook@naver.com
홈페이지 www.purungil.co.kr

ⓒ 조철기, 2022
ISBN   978-89-6291-991-2   03980

세상에 이런 국경

세상의 **독특한 국경** 이야기

푸른길

들머리

국가가 되기 위해서는 갖추어야 할 조건들(주권, 국민, 영토 등)이 있습니다. 그리고 세계에 존재하는 많은 국가는 이러한 조건을 충족하고 있지요. 그러나 한 국가의 영토를 규정하는 국경(선)은 우리가 생각하는 것만큼 명확하지 않습니다. 수 세기 동안 세계는 여러 분쟁으로 인해 국가가 분열되고 종종 영토에 흔적을 남긴 채 산산조각이 났습니다. 그리하여 국가 간에는 경계가 설정되고, 소위 국경이 생겨났습니다.

국어사전을 찾아보면 '국경'은 "나라와 나라의 영역을 가르는 경계"라고 정의하고 있습니다. 세계화의 진전에 따라 국가 간 사람, 물건 등의 이동은 자유로워질지 몰라도, 국가를 구분 짓는 국경은 영원히 사라지지 않을지 모릅니다. 국경선은 이 땅에서 저 땅으로 마음대로 건널 수 없는, 건너서는 안 되는 선입니다. 우리는 다른 국가의 국경을 넘으려면 통제를 받게 되고, 여권을 보여 주어야 하며, 심지어 비자를 요구받기도 합니다. 물론 유럽연합 국가들처럼 이런 제약 없이 국가 간 협정을 맺어 자유롭게 이동할 수도 있습니다.

세계 많은 나라에 국경선이 그어져 있습니다. 그것이 땅 위의 선이 될 수도 있지만 강, 산, 바다가 될 수도 있습니다. 각 나라를 구분 짓는 경계선은 어떤 모습일까요? 국경선을 표시하는 방법으로 땅을 가르는 장벽이나 철조망 같은 것이 그어져 있는 형태를 떠올릴 텐데요, 우리가 상상하지 못하는 국경의 형태도 많습니다. 필자는 우연히 구글 지도를 보다가 독특하고 신기한 국경을 발견했습

세상에 이런 국경

니다. 이러한 곳이 더 많을 것으로 생각해 책도 찾아보고, 인터넷도 검색하다 보니 세계 곳곳에 이러한 지역이 많다는 사실을 알게 되었습니다.

국경은 항상 예측 가능한 방식으로 작동하지는 않습니다. 어떤 경우에는 매우 논리적이지 않게 그어지기도 했습니다. 국경이 단순하고 직선의 형태를 띠는 경우는 매우 적습니다. 국경이 구불구불하고, 명확하게 규정되지 않은 지점에서는 갈등을 유발하기도 합니다. 사실 갈등의 주요 원인은 더 많은 것을 가지려고 하는 인간의 본능일 것입니다. 인간의 욕심으로 발생하는 크고 작은 국가 간의 갈등 또는 분쟁은 국경의 이동으로 이어졌습니다. 우리는 미식축구를 흔히 땅따먹기에 비유합니다. 미국의 국경이 점차 확장되어 온 것과 유사하죠. 시대별 세계지도를 보면 국경이 어떻게 이동해 왔는지를 알 수 있습니다. 인간은 가만히 있는 지구의 얼굴에 수많은 '상처'를 남겨 온 것이지요. 이 책은 세계 곳곳에 있는 신기하고 특이한 국경선으로 여러분을 초대합니다.

국경과 관련한 용어에 대해

　신기하고 흥미로우며 독특한 국경을 이해하기 위해서는 몇 가지 용어를 이해할 필요가 있습니다. 먼저 'enclave'와 'exclave'입니다. 이 두 단어는 우리말로 다양하게 번역됩니다. 그러나 어느 측면에서 보느냐에 따라 enclave가 되기도 하고 exclave가 되기도 하기 때문에 우리말로는 굳이 구분해서 쓸 필요가 있는지 의문이 듭니다. 그래서 이 책에서는 둘 다 가장 많이 쓰이는 용어인 '월경지(越境地)'로 사용할 것입니다. 그래도 이 둘의 차이를 잠깐 살펴보겠습니다.

　먼저 enclave는 한 국가의 영토가 다른 국가의 영토로 완전히 둘러싸인 영토를 말합니다. 그래서 일반적으로 '고립 영토' 또는 '위요지(圍繞地)'라고도 합니다. 위요지는 일본 말의 번역입니다.

　반면 exclave는 다른 영토나 국가를 통해서만 본국 영토에서부터 도달할 수 있는 본국 영토 또는 국가의 일부분을 말합니다. 대개 '월경지' 또는 '비지(飛地)' 또는 '해외 영토'로 불립니다. 월경지는 특정 국가나 특정 행정구역에 속하면서 본토와는 떨어져 주위에 다른 국가 행정구역 등에 둘러싸여 격리된 곳을 말합니다. 경계 너머의 땅, 떨어져 있는 땅이 되는 것이지요. 본토와 떨어져 다른 행정구역이나 다른 국가를 통하지 않으면 정상적으로 육로로 갈 수 없는 곳을 말합니다.

　종종 진짜 월경지는 아니지만 유사월경지pene-enclave 또는 semi-enclave라 불리는 곳도 있습니다. 유사월경지는 물리적으로 본국과 분리된 영토지만, 다른 국가를 통과하지 않고도 도착할 수 있는 영토입니다. 즉 본국으로부터 물리적

세상에 이런 국경

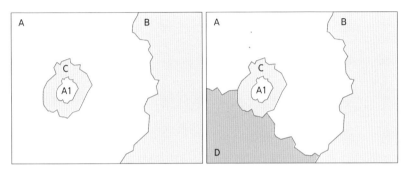

왼쪽을 보면 C의 주권은 B에 속해 있으면서, B의 경계를 넘어 존재하기 때문에 C는 B의 월경지입니다. 동시에 A의 입장에서 C는 A의 영토에 둘러싸여 있기 때문에 C는 A의 위요지입니다. 하지만 만약 오른쪽과 같은 상황이라면 어떨까요? C는 B의 월경지가 맞지만, A와 D가 국경을 같이 공유하고 있기 때문에 위요지는 아니랍니다. 한편 A1은 월경지 안에 월경지가 있는 이중월경지입니다.

으로 분리되어 있지만 다른 국가에 의해 완전히 둘러싸여 있지는 않은 영토를 말합니다. 또한 국경의 일부를 해안선으로 가진 월경지를 말합니다. 이러한 예로는 알래스카, 지브롤터 등이 있습니다. 알래스카는 미국 본토에서 육로로 가기 위해서 반드시 캐나다를 통과해야 하지만, 바다를 통한다면 캐나다를 통과하지 않고도 알래스카에 갈 수 있습니다. 세계에는 이러한 곳이 많이 있으며, 심지어 더 복잡하기도 합니다. 한 국가의 월경지 속에 다른 국가의 월경지가 존재하기도 합니다. 이를 이중월경지dual enclave 또는 counter-enclave라고 합니다. 복잡해지면 삼중으로 나타나기도 합니다.

차례

1장

장벽으로 가로막은 국경

01
국경 아닌 국경, 대한민국 군사분계선과
비무장지대

우리나라의 영토 중 가장 핫한 곳은 독도일 것입니다. 독도는 우리나라가 확고한 영토 주권을 행사하고 있을 뿐만 아니라 수많은 고문헌 및 고지도에서도 우리 땅임을 밝히고 있습니다. 일본이 아무리 우겨도 독도는 대한민국 영토입니다. 그럼에도 불구하고 일본은 계속해서 독도를 국제사회에 분쟁 지역화해 자신의 영토로 편입하려는 시도를 하고 있습니다. 꽤나 넓은 바다인 동해를 경계로 한, 더욱이 다수의 사료가 증빙하고 있는 독도조차도 그러하니 육지에 경계를 두고 마주하는 수많은 나라들이 영토 문제로 다투었거나, 아직까지 확정되지 않은 경계를 두고 있다는 건 특별한 일도 아니겠습니다.

그렇다면 육지에서 대한민국의 국경은 어디일까요? 많은 사람이 휴전선을 떠올릴 것입니다. 그러나 그것은 사실이 아닙니다. 대한민국 헌법 제3조에는 "대한민국의 영토는 한반도와 그 부속도서로 한다."라고 명시되어 있습니다. 즉 대한민국은 북한을 국가로 인정하지 않으므로 헌법에 따른 육지상 국경은 자연 국경인 압록강과 두만강, 그리고 백두산 정상 부근입니다. 우리나라에서 발행

대한민국의 최동단 독도. 왼쪽이 서도, 오른쪽이 동도.

한 대한민국 전도는 대한민국을 한반도 전역으로 표시하고 있으며, 대개 휴전선은 점선으로 표시하고 있습니다.

대한민국의 헌법상 국경은 총 1,353km에 이르고, 그중 두만강 하구의 짧은 구간(19km)은 러시아와, 나머지는 중국과 접하고 있습니다. 통일이 된다면 압록강과 두만강이 우리의 진짜 국경이 되겠지만, 분단된 대한민국의 실제적인 국경은 군사분계선 약 250km입니다. 우리는 국경 아닌 국경인 군사분계선을 흔히 휴전선 또는 38선이라고도 부릅니다. 그러나 38선은 현재의 군사 분계선과는 엄연히 다릅니다.

그렇다면 38선은 무엇이고, 어떻게 정해졌을까요? 38선의 탄생 배경은 러일전쟁 시기까지 거슬러 올라갑니다. 당시 일본이 러시아에게 한반도를 38도 선으로 나누어 통치하자고 제안했던 것이 그 유래입니다. 하지만 실제로 38선이

세상에 이런 국경

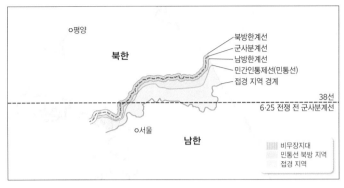

북한

o평양

북방한계선
군사분계선
남방한계선
민간인통제선(민통선)
접경 지역 경계

38선
6·25 전쟁 전 군사분계선

o서울

남한

비무장지대
민통선 북방 지역
접경 지역

비무장지대. 군사분계선을 중심으로 남북이 2km씩 뒤로 물러나 생긴 지역입니다.

곧 국경을 뜻하게 된 시기는 1945년, 제2차 세계대전 말기 병력 손실을 우려한 미국의 강력한 요청으로 이루어진 소련의 대일 선전포고 이후랍니다. 이렇게 미국과 소련이 각각 38선을 기준으로 남한과 북한 지역에 주둔함으로써 38선이 실질적인 국경 역할을 맡게 됩니다.

우리나라와 북한의 현재 경계인 군사분계선은 민족의 아픔이었던 6·25 전쟁의 결과로 정해졌습니다. 1953년 정전 협정에 따라 동해안의 간성 북방에서 서해안의 강화 북방에 이르는 선을 따라 군사분계선이 그어졌습니다. 군사분계선은 38선과 관계는 없지만 38선 부근에 그어졌기 때문에 헷갈리기 쉽습니다. 경기도 서부는 38선보다 남쪽으로 좀더 밀려나고 경기도 중동부~강원도는 38선보다 북쪽으로 올라가 있습니다.

한편, 비무장지대Demilitarized Zone: DMZ는 군사분계선을 중심으로 남북이 2km씩 완충지대를 두면서 생긴 지역입니다. 불필요한 무력 충돌을 피하고자 설정한 곳으로 민간인의 출입이 통제되는 곳입니다. 지난 70년간 사람들의 출입이 통제되어 인위적인 간섭이 거의 없이 자연적인 천이 과정으로 생태가 복원되어 두루미, 재두루미, 산양, 열목어 등 멸종위기 동식물이 서식하고 있습니다. 즉 오늘날 비무장지대 일원은 한반도의 허리를 길게 연결하는 띠 모양의 생태축이 되었습니다.

외신들도 국경으로 부르는 휴전선은 우리에겐 사실 '국경' 이상의 장벽인 듯합니다. 보통은 국가 간 국경이 있더라도 넘나들 수 있는데, 휴전선은 특수한 경우가 아니면 통행이 불가능하니까요. 국군 13만 명, 남한 민간인 24만 명을 포함한 137만 명의 목숨을 앗아간 끔찍한 전쟁 끝에 남겨진 잔인한 이 경계는 세계에서 가장 넘기 힘든 국경일지도 모르겠습니다. 우리도 독일처럼 그 장벽이 하루 빨리 무너져 자유롭게 왕래할 수 있기를 희망합니다. 나아가 장벽을 넘어 경계 너머의 땅을 자유로이 여행하는 세상을 희망합니다. 지구에서 가장 넓은 유라시아 대륙을 육로로 탐험할 수 있는 날을 꿈꾸어 봅니다.

북한과 중국의 경계

조선의 외교권이 박탈된 상황에서 일제는 청나라와 간도협약을 맺어 조선과 중국의 국경선을 천지 남동쪽 4km 지점에 있는 백두산정계비로 정합니다. 백두산 정상과 천지를 중국에 넘겨 준 것이지요. 일제 패망으로 간도협약이 무효화된 후, 1962년 북한 김일성은 중국 저우언라이와 조중변계조약을 체결해 국경선을 확정합니다. 직선에 가깝게 그어진 국경선으로, 천지의 54.5%는 북한에, 45.5%는 중국에 속하게 됩니다. 이 조약은 압록강과 두만강의 하중도와 모래톱도 264개는 북한에, 187개는 중국에 귀속됨을 명확히 합니다.

　세상에 이런 국경

02
베를린 장벽, 철의 장막을 걷고 그린벨트로 다시 태어나다

독일도 한때 우리나라처럼 민족 간 분단을 경험했습니다. 자본주의 진영의 서독(독일연방공화국)과 공산주의 진영의 동독(독일민주공화국)은 우리나라와 무척 비슷했습니다. 이들을 물리적으로 나눈 베를린 장벽은 영원히 무너지지 않을 것 같았던 냉전 시대의 철의 장막을 상징했습니다.

베를린은 독일의 수도로서 독일 최대의 도시이자 유럽연합의 최대 도시이기도 합니다. 제2차 세계대전 이후 연합국(미국, 영국, 프랑스, 소련)에 의해 독일이 분단되면서 베를린도 동베를린과 서베를린으로 분단되었습니다. 베를린이 동독 영토에 있었으므로, 서베를린의 주권은 서독에 있었지만 서베를린은 동독에 완전히 둘러싸인 월경지가 되었습

분단된 독일의 영토

건설 중인 베를린 장벽. 동독이 건설한 것으로 동베를린과 동독의 다른 지역을 서베를린으로부터 분리하는 베를린 장벽은 냉전의 상징이자 독일의 분단의 상징이었습니다. (출처: 위키미디어)

니다. 동베를린은 동독의 수도가 되었지만, 서베를린은 서독의 수도가 되지 않고 본Bonn이 서독의 '임시 수도'가 되었습니다.

　냉전 속에서 동독과 서독은 긴장을 유지했지만 동독과 서독의 경제적 격차가 점점 벌어지고 자유에 대한 갈망으로 동독 주민들은 동베를린을 통해 서독으로 이탈했습니다. 서베를린으로 탈출하려는 동베를린 주민들이 늘자, 이를 막기 위해 동독 정부는 1961년에 동베를린과 서베를린의 경계에 장벽을 세웠고, 이는 냉전의 상징이 되었습니다. 동독에서는 이를 '반파시트 보호벽'으로 서독에서는 '베를린 장벽'으로 불렀습니다.

　베를린 장벽이 건설된 이후에도 많은 동독 주민이 장벽을 넘어 서독으로 가고자 했습니다. 이 과정에서 안타깝게 목숨을 잃은 사람도 많았지요. 이동의 제한은 서독 사람들에게도 똑같이 적용되었습니다. 동서독 사람들 모두 장벽 없이 자유롭게 다니기를 희망했을 것입니다. 이러한 희망 사항은 현실이 되었습

베를린 장벽의 남은 부분

니다. 독일 통일이 진행되는 과정에서 동서독의 자유 왕래가 허용된 1989년 11월 19일 마침내 베를린 장벽이 무너진 것입니다. 이후 1990년 10월 3일, 제2차 세계대전 후의 냉전 체제 아래서 연합국에 의해 강제로 분단되었던 독일이 하나의 국가로 통일되었습니다. 늘 벽 너머를 꿈꾸던 동독과 서독 사람들의 꿈이 실현된 것이지요.

사실 제2차 세계대전 이후 거의 40년 동안 '철의 장막'은 유럽을 동서로 구분했습니다. 흔히 우리는 유럽의 서쪽은 서부유럽이라 하여 자본주의 진영으로, 동쪽은 동부유럽이라 하여 공산주의 진영으로 불렀습니다. 철의 장막은 북부유럽의 노르웨이-러시아 국경에서부터 남부유럽 흑해의 불가리아-튀르키예 국경까지 뻗어 있었습니다. 철의 장막은 쉽게 극복할 수 없는 정치적·이념적 그리고 물리적 장벽이었고, 분단된 독일에서 가장 두드러지게 나타났습니다. 동독과 서독의 경계는 금속 울타리, 벽, 철조망, 망루, 지뢰밭으로 이루어져 있었습니다. 이 국경을 더 효과적으로 감시하기 위해 동독은 경계선 주변의 비교적 넓은 지대를 요청했는데, 이곳은 일종의 '무주지(사람이 살지 않는 땅)'가 되었습니다. 우리나라의 비무장지대DMZ와 같은 곳이었습니다. 그 결과 발트해에 서부터 동독, 서독, 체코슬로바키아(오늘날 체코와 슬로바키아) 세 국가의 국경 지역 사이에 회랑이 있었습니다. 이 회랑은 길이가 약 1,400km, 폭이 50~200m였습니다. 그곳에는 사람이 살지 않았기 때문에, 어떠한 경작 활동도 없었고, 숲을 관리하지도 않았으며, 국경경비대를 제외하고는 이 지역을 통과하는 사람도 없었습니다.

사람의 발길이 끊어진 서독과 동독 간의 철의 장막은 그야말로 자연 상태를 그대로 유지했습니다. 베를린 장벽이 무너지자 정치적·이념적 분열의 경계였

그뤼네스반트

세상에 이런 국경

던 철의 장막은 환경단체, 독일 연방정부와 지방자치단체의 도움으로 '그뤼네스반트Grünes Band, Green Belt'로 다시 태어났습니다.

철의 장막을 그뤼네스반트로 만들고자 한 독일의 목표는 큰 성공을 거두었습니다. 그뤼네스반트의 일부 지역은 소유주들에게 반환되어야 했습니다. 또한 새로운 도로를 건설하기 위해 사용된 지역도 있었습니다. 그뿐만 아니라 그뤼네스반트 일부 지역에는 대규모 산업시설들도 있었습니다. 그럼에도 불구하고, 철의 장막의 반 이상이 성공적으로 그뤼네스반트에 포함되었습니다. 또한 인근 독일 연방정부와 지방자치단체, 여러 비정부 기구들이 기부한 중요한 지역들도 그뤼네스반트에 추가되었습니다.

유럽 그린벨트. 유럽 그린벨트는 냉전 시대 동서 진영 24개국을 생태보전과 접경 협력을 위한 세계적인 생태 네트워크로 연결하고자 한 것입니다. 세계자연보전연맹(IUCN)과 독일자연보전청(BfN)이 공동 추진하고 있으며, 북극해의 일부인 바렌츠해에서 흑해까지의 거대한 녹색 띠입니다.

오늘날 그뤼네스반트는 5,000종 이상의 동식물을 위한 서식지이며, 자연을 좋아하는 사람들을 위한 중요한 관광지가 되었습니다. 그뤼네스반트는 세 가지의 색다른 독일 경관을 보여 줍니다. 북쪽 지역에서는 해안, 중앙 지역에서는 평원, 남쪽 지역에서는 낮은 산지가 나타납니다.

독일 그뤼네스반트는 미래의 유럽 그린벨트European Green Belt의 일부분입니다. 유럽 그린벨트는 "경계는 분리하고, 자연은 연결한다Borders Separate, Nature Connects"라는 슬로건을 내걸고, 독일 그뤼네스반트를 포함해 옛 철의 장막의 전체 회랑 구간으로 확장할 것입니다.

03
키프로스 유엔 완충지대, 그린라인

 '지중해' 하면 우리는 대개 남부유럽에 있는 바다를 떠올립니다. 그러나 지중해는 유럽, 아시아, 아프리카 세 대륙에 둘러싸여 있습니다. 동쪽으로 홍해와 인도양, 서쪽으로 대서양과 통하며, 북쪽에 흑해가 있습니다. 지중해 동쪽에는 키프로스라는 작은 섬나라가 있습니다. 키프로스는 지중해에서 세 번째로 큰 섬입니다. 키프로스는 국경이라는 측면에서 보면 매우 복잡한 나라입니다. 왜냐하면 이 조그만 섬나라에 무려 네 개의 정치 체제가 들어서 있기 때문입니다.

 키프로스는 역사적으로 오랫동안 그리스와 튀르키예의 영향을 받아 왔습니다. 그리하여 키프로스에는 주로 그리스인과 튀르키예인이 살고 있습니다. 키프로스는 지리적으로 튀르키예에 더 가깝지만 튀르키예인은 18%에 지나지 않습니다. 반면 그리스인은 78%나 됩니다.

 영국의 식민 지배를 받던 키프로스는 1960년 영국, 그리스, 튀르키예의 합의 하에 독립했습니다. 이는 수많은 내부 국경이 만들어지는 계기가 되었습니다. 키프로스에는 키프로스 면적의 3%를 차지하는 영국의 군사기지가 두 곳 있습

키프로스 정치 지도. 지중해의 작은 섬나라 키프로스는 네 개의 정치 체제가 공존합니다.

니다. 이곳은 영국의 해외 영토로서 현재까지 영국이 통치하고 있습니다.

키프로스의 상황은 독립 후 약 15년간 불안정했습니다. 그리스는 틈만 나면 키프로스를 자신의 영토에 병합하려고 했습니다. 그럴 때면 튀르키예는 키프로스에 거주하는 튀르키예인들을 보호하기 위해 군사 개입을 시도했습니다. 1974년 그리스의 군사정권이 키프로스섬의 병합을 요구하는 쿠데타를 일으키자 튀르키예도 군사 개입을 실행에 옮겨 키프로스섬 북쪽의 1/3을 재빨리 점령했습니다. 이후에 그리스 군사정권은 키프로스섬에서 철수했지만 튀르키예군은 그대로 남아 북키프로스 튀르크 공화국(북키프로스)을 수립했습니다. 이로 인해 키프로스섬에는 기존의 키프로스와 북키프로스를 가르는 국경선이 생겨났지요.

유엔은 중립지대를 설정하지 않으면 키프로스에 평화를 장담할 수 없다고 생각했습니다. 그리하여 유엔은 키프로스와 북키프로스 국경선을 따라 키프로스 유엔 완충지대United Nations Buffer Zone in Cyprus를 설정했습니다. '그린라인

키프로스 유엔 완충지대의
접근 제한 표시

Green Line'으로 더 잘 알려진 키프로스 유엔 완충지대의 총길이는 약 180km이며, 폭은 가장 넓은 지역이 7.5km이며 가장 좁은 지역은 수도 니코시아의 일부 지역으로 단지 몇 미터 정도에 불과합니다.

유엔은 분단된 키프로스섬의 그리스, 튀르키예, 영국에 이어 네 번째 정치적 실체입니다. 유엔은 그린라인에 대한 키프로스의 주권을 인정하고 있습니다. 그러나 이곳은 본질적으로 유엔이 관할하는 또 하나의 분리된 정치 영역입니다. 유엔은 그린라인에 대해 자체적인 법과 국경 통제권을 가지고 있습니다. 약 1만 명 정도의 주민들이 약 350km² 면적의 유엔 완충지대에 살고 있습니다. 유엔 완충지대에는 사람이 거주하는 마을도 있지만, 수도 니코시아 인근에는 1970년대의 '신차'를 전시하는 자동차 쇼룸과 같이 버려진 수많은 시설과 마을도 있습니다. 유엔 완충지대에는 유엔 휴전 감시 요원만이 접근할 수 있는 지역이 있어서 이곳에 살고 있거나 일하는 민간인들은 허락을 받아 출입합니다.

키프로스는 내부 국경이 복잡한 만큼 여러 월경지, 유사월경지pene-enclave 또는 semi-enclave, 회랑이 존재합니다. 첫 번째 특이한 월경지는 코키나Kokkina (튀르키예어로는 Erenköy)입니다. 코키나는 옛 튀르키예 도시로 사실상 북키프로스가 점령하고 있습니다. 현재는 민간인들은 모두 떠나고 소규모 튀르키예 수비대만이 지키고 있습니다. 코키나는 키프로스 서쪽 지역에 위치하고, 유엔 그린라인에 둘러싸여 있습니다. 튀르키예인이 통치하는 북키프로스로부터 약 7km 떨어져 있습니다.

두 번째는 영국의 해외 영토로 영국 군사기지가 있는 아크로티리Akrotiri와 데켈리아Dhekelia입니다. 이들 군사기지는 영국의 해외 영토지만, 키프로스와의 조약에 따라 상업용 목적이 아닌 군사용 목적으로만 사용됩니다. 현재 이 영토는 파운드가 아니라 유로가 사용되는 영국의 유일한 지역입니다. 아크로티리 또는 서부 영국군 독립기지Western Sovereign Base Area: WSBA는 키프로스의 남쪽에 위치합니다. 공식적으로 동부 영국군 독립기지Eastern Sovereign Base Area: ESBA로 알려진 데켈리아는 이 섬의 중동부에 위치하고 있습니다. 데켈리아 군사기지 대부분은 해안에 위치하지만, 이 기지를 육지에 있는 옛 마을 아요스니콜라오스Ayios Nikolaos에 있는 통신기지로 연결하는 하나의 도로가 있습니다. 이 도로는 키프로스와 북키프로스 영향력을 분리하는 구역으로서 역할을 합니다. 이 도로는 길이가 약 10km이고 폭은 단지 몇 미터에 이르는 일종의 회랑입니다.

데켈리아 내의 키프로스 월경지

데켈리아에는 키프로스에 속하는 세 개(엄밀히 말하면 네 개)의 월경지가 있습니다. 두 개의 큰 월경지는 오르미디아Ormideia(면적 1.79km², 주민 5,000명) 마을과 실로티모Xylotymvou(면적 0.95km², 주민 3,600명) 마을입니다. 이 두 마을은 키프로스에서 튀르키예와 그리스가 충돌하는 동안 평화로운 오아시스를 대표했습니다. 키프로스섬 북쪽 지역에서 온 많은 그리스 난민은 이곳에서 안전한 천국을 발견했습니다. 데켈리아 영국 군사기지 내의 세 번째 월경지는 데켈리아 화력발전소 지역입니다. 데켈리아 화력발전소는 해안에 위치하고 있는데 북키프로스 출신의 근로자들과 난민들은 주로 북쪽 주거지에 살고 있습니다. 해안의 화력발전소와 북쪽의 주거지는 영국의 주권하에 있는 도로로 분할됩니다. 그리하여 데켈리아 화력발전소는 두 구역으로 분리되어 키프로스에 속하는 두 개의 월경지를 형성하고 있습니다. 화력발전소는 그것에 부속하는 영해가 없는 해안에 위치하고 있기 때문에 영국 군사기지의 땅과 바다에 의해 온전히 둘러싸여 있습니다. 유엔 완충지대 남쪽에 속한 키프로스의 파마구스타 지역도 유사월경지로 볼 수 있습니다. 이곳은 데켈리아 군사기지와 유엔 완충지대에 의해 키프로스 영토로부터 분리되어 있기 때문에 육로로는 접근이 불가능하고 바다를 통해서만 접근할 수 있기 때문입니다. 이곳에는 유명한 휴양지인 아이아 나파 리조트가 있습니다.

월경지는 아니지만 키프로스에는 흥미로운 몇몇 장소가 있습니다. 키프로스의 수도인 니코시아는 그린라인이 통과하는 지역입니다. 따라서 유엔이 관리하는 그린라인을 중심으로 남쪽은 키프로스가, 북쪽은 북키프로스가 통치하고 있습니다. 서울의 1/10도 안 되는 작은 면적에 세 개의 정치 체제가 공존하는 독특한 도시입니다. 필라Pyla 마을은 유엔 그린라인 내에 위치하고, 키프로스에서 그리스인과 튀르키예인 공동체를 함께 볼 수 있는 보기 드문 공동 거주지의 사례를 대표합니다.

키프로스 유사월경지에 위치한 아이아 나파 리조트

　키프로스 동쪽에 있는 파마구스타만Famagusta Bay에 바로샤Varosha(정확하게는 파마구스타 남쪽 교외)라는 도시가 있습니다. 바로샤는 1974년 튀르키예군이 파마구스타로 진격하기 전까지 키프로스에서 가장 유명한 휴양지였습니다. 일종의 키프로스의 모나코였습니다. 그 당시 유명 스타였던 엘리자베스 테일러, 리처드 버튼, 라켈 웰치, 브리지트 바르도는 이곳의 단골손님이었습니다. 파마구스타에서의 치열한 전투가 벌어지자 그리스인들은 충돌이 끝나면 집으로 돌아올 수 있다는 희망을 안고 키프로스의 남쪽 지역으로 피난을 떠났습니다. 그러나 그런 일은 일어나지 않습니다. 튀르키예는 바로샤를 완전히 봉쇄했고, 그곳을 제한 구역으로 선포습니다. 이러한 상태는 현재까지 계속되고 있으며, 바로샤는 유령도시가 되었습니다. 바로샤의 건물들은 천천히 붕괴하고 있고, 화려했던 거리는 잡초로 가득 차 있습니다. 흥미로운 점은 사람들이 떠나자 생태계가 회복되고 있다는 점입니다. 멸종위기 동물인 바다거북이 돌아오

세상에 이런 국경

사람들의 발길이 끊어진 바로샤. 거리는 황량하지만 수풀이 무성하고, 생태계가 회복되고 있다고 합니다.

고, 멸종된 것으로 알려졌던 키프로스 고유종들도 다시 모습을 드러내고 있다고 합니다.

바로샤 인근에는 또 다른 특이한 주거지가 있습니다. 데켈리아 군사기지와 북키프로스 국경에 아주 작은 마을 스트로빌리아Strovilia(튀르키예어로는 아키아르Akyar)가 그곳입니다. 면적은 축구장 정도 되며 약 25명의 주민들이 살고 있습니다. 이 마을의 특이한 점은 1970년대 그리스와 튀르키예의 갈등이 일어났을 때 튀르키예군은 스트로빌리아가 영국 군사기지 내에 있다고 생각해 그곳을 점령하지 않았던 것입니다. 몇 주 후에 튀르키예군은 그들의 실수를 깨달았습니다. 그러나 유엔군은 더 이상 공격을 못하게 했습니다. 그래서 이후 25년 동안 스트로빌리아는 유엔 완충지대인 그린라인 없이 북키프로스가 관리하는 지역에 접한 키프로스의 유일한 지역이라는 특이한 위치를 차지하고 있었습니다. 이러한 상황은 21세기 초에 변했습니다. 튀르키예군은 키프로스, 영국, 유엔의 반대에도 불구하고 이 마을을 차지했습니다. 키프로스는 튀르키예군의 이러한 행동에 대응해 코키나를 봉쇄했습니다. 2019년 초 튀르키예군은 다시 스트로빌리아에 압박을 가했습니다. 튀르키예군은 이 마을 주위에 장벽을 세워 봉쇄하고, 주민들에게는 그들이 지금 북키프로스가 관리하는 지역에 살고 있다고 알려주었습니다.

마지막으로 키프로스는 2016년에 시간대 경계를 가지고 있었습니다. 왜냐하면 당시 북키프로스가 통치하는 지역은 일광 절약 시간(서머 타임)으로 바꾸지 않기로 결정했기 때문이었습니다. 그것은 작은 키프로스섬이 잠시 동안 두 개의 시간대를 가진다는 것을 의미했습니다. 그러나 2017년 주민의 요구에 따라 북키프로스도 일광 절약 시간을 사용하게 되었습니다.

04
서사하라의 모로코 장벽

　지형(땅, 강, 산, 사막, 해양, 바다)과 문화(종교, 언어, 민족), 그리고 가상의 선인 경위도는 국가를 구분 짓는 경계로서 역할을 합니다. 국가 간의 경계는 열린 경계를 지향하는 곳도 있지만, 폐쇄적인 경계를 두는 경우도 많습니다. 인간은 자신의 영토에 상상의 선을 긋거나 국경 표지석을 세우는 것만으로는 충분하지 않다고 생각하기도 합니다. 그래서 다양한 종류의 장벽을 세워 국경을 강화하지요.

　이들 장벽 중 우리에게 잘 알려져 있는 것들이 있습니다. 세상에서 가장 유명한 장벽 하면 아마도 대부분 중국의 만리장성을 떠올릴 것입니다. 만리장성은 중국 한족과 북방 유목민족 간의 국경을 표시하는 수단일 뿐만 아니라 실제로 그들의 침입을 막는 역할을 했습니다. 앞에서 살펴본 베를린 장벽과 우리나라 군사분계선에 대해서도 들어보았을 것입니다. 한때 도널드 트럼프 전 미국 대통령은 미국과 멕시코 국경을 가로지르는 장벽을 건설할 계획을 밝혀 뜨거운 이슈가 되기도 했습니다. 그리고 이스라엘이 팔레스타인 테러 단체의 공격을 막는다는 명분으로 요르단강 서안지구와 가자지구 사이에 건설한 장벽도 유명합니다.

그러나 우리에게 잘 알려지지 않은 장벽이 있습니다. 그것은 모로코 장벽Moroccan Berm 또는 Moroccan Wall입니다. 이 장벽은 사하라사막을 가로지르며 모래로 쌓은 토루(土樓) 장벽입니다. 이 장벽을 쌓은 이유는 지하자원 인광석 때문입니다. 모로코는 서사하라의 매장량까지 합쳐 인광석 매장량 세계 1위를 차지합니다. 모로코 장벽은 인광석이 풍부한 땅을 분할합니다.

모로코 장벽은 거의 대각선으로 서사하라를 두 지역으로 분할합니다. 모로코 장벽의 서쪽과 남쪽 지역은 모로코가 지배하고 있습니다. 반면 동쪽은 사하라 아랍 민주공화국Sahrawi Arab Democratic Republic이 지배하고 있습니다. 이 나라는 아프리카 북서부 대서양 연안에 있는 미승인 국가입니다. 1976년 독립을 선언하였으나 모로코와 영토 분쟁을 빚고 있으며, 일부 국가만이 독립국가로 인정하고 있습니다.

서사하라 지역은 제2차 세계대전 이후까지 에스파냐의 식민지였습니다. 제2차 세계대전 이후 서사하라를 분할하고 있던 모로코와 모리타니는 에스파냐에게 서사하라에서 퇴각할 것을 요청했습니다. 에스파냐는 1970년대 중반까지 서사하라를 포기하지 않았지만 1976년 서사하라를 모로코와 모리타니에 양도한다는 마드리드 협정에 서명합니다. 이는 그 영토를 주장했던 알제리 사람들과 원주민이 주축이 된 폴리사리오 인민해방전선Frente Polisario과의 갈등을 초래했습니다. 이들은 사하라 아랍 민주공화국을 세우며 반발했고, 군사력이 취약했던 모리타니는 이들의 지속적인 공격에 서사하라에 대한 영유권을 포기합니다. 반면 월등히 우월한 모로코는 주요 도시와 가장 중요한 인광석이 매장된 지역을 포함해 서사하라의 2/3 이상을 빠르게 장악했습니다.

모로코는 국경을 안전하게 지키기 위해 모래와 돌, 철조망 등을 이용해 구조물을 건설하기로 결정했습니다. 장벽은 총 여섯 차례에 걸쳐 만들었으며, 길이는 2,700km가 넘습니다. 모로코는 그 장벽을 따라 수백만 개의 지뢰를 설치하고 12만 명 이상의 중무장한 군인들을 주둔시켰습니다. 모로코는 이런 방식으로 서사하라의 서쪽과 남쪽에 유일하게 매장된 천연자원인 인광석과 대서양의 어업 활동을 아무런 방해를 받지 않고 자신들만이 접근할 수 있도록 했습니다. 서사하라 해안에는 유전이 있을 가능성이 있지만, 분쟁 지역의 불확실한 정치적 지위가 석유의 채굴에 걸림돌이 될 수도 있습니다.

오늘날 모로코 장벽은 모로코가 통제하는 지역과 폴리사리오 인민해방전선이 통제하는 지역 간의 하나의 선으로 나타납니다. 불리한 생활환경 때문에 지역 원주민인 사라위족Sahrawi 대부분은 실제로 인근 알제리의 난민 수용소에서 살고 있습니다. 모로코 장벽은 서사하라 해안의 최남단 부근까지 뻗어 있으며 서사하라를 불평등하게 둘로 나눕니다. 폴리사리오 인민해방전선은 모리타니와의 국경을 따라 해안 몇 킬로미터만 통제하고 있습니다. 장벽의 일부분이 모리타니 국경 옆을 지나고, 결국 서사하라와의 경계에 인접한 모로코에서 종지

모로코 장벽

부를 찍습니다.

모로코와 유엔은 장벽의 앞으로의 지위에 관해 서사하라에서 국민 투표를 실시하겠다고 서명했습니다. 그러나 국민 투표는 지금까지 이뤄지지 않고 있으며, 앞으로도 쉽사리 이뤄지지 않을 것입니다. 서사하라에 인광석과 어류가 풍부하고 많은 양의 유전을 포함하고 있을지 모른다는 가능성까지 고려하면, 모로코가 이 영토에 대한 자신의 권한을 포기하지 않는 것은 당연한 일일 테니까요. 이 지역에는 약 9만 명의 사라위족이 남아 있고, 모로코 역시 이미 그곳에 수십만 명의 모로코 주민을 정착시켰습니다.

세계에서 가장 긴 지뢰밭, 모로코 장벽

모로코 장벽은 세계에서 가장 많은 지뢰가 매설된 곳으로도 악명이 높습니다. 추정하기로는 700만 개 이상의 지뢰가 묻혀 있을 것이라고 하며, 장벽 남부에 집중되어 있다고 합니다. 수많은 대인 지뢰가 매설된 탓에 세계의 인권단체들은 이 장벽을 '치욕의 장벽(wall of shame)'이라고 부릅니다. 조사에 따르면 사하라 아랍 민주공화국에서 모로코로 넘어가려던 약 2,500명이 지뢰 피해를 입었다고 합니다.

영국의 한 NGO는 이곳의 지뢰를 제거하고자 노력해 약 2만 개의 지뢰를 제거했습니다. 그러나 매설된 지뢰는 아직도 많이 남아 있습니다.

모로코 장벽에 매설된 지뢰

모로코 장벽 주변에 심은 꽃

사라위족 예술가인 모하메드 물루드 예슬렘(Mohamed Mouloud Yeslem)은 '모든 지뢰, 꽃 한송이(FOR EVERY MINE, A FLOWER)'라는 캠페인을 벌이며 장벽 주변에 꽃을 심고 있습니다. 자신들의 땅으로 돌아가고픈 서사하라 사람들의 희망을 담고, 자라나는 아이들에게는 폭력과 분쟁이 아닌 평화와 더 나은 미래를 물려주고 싶다는 뜻을 표현하기 위한 것이지요.

05

유럽과 아프리카의 경계,
에스파냐-모로코 국경 장벽

1) 북아프리카 모로코에 있는 에스파냐 주권 영토

동서 길이가 4,000km가 넘는 지중해 서쪽 끝, 이베리아반도 남단에는 유럽 대륙에 있는 유일한 영국 영토인 지브롤터가 있습니다. 이곳에서 남쪽으로 폭 58km의 지브롤터 해협을 건너면 아프리카 대륙의 모로코입니다. 영국은 18세기 초에 벌어진 에스파냐 왕위계승 전쟁에 개입해 1704년에 이곳을 점령하고 1713년에는 위트레흐트 조약Treaty of Utrecht을 통해 지브롤터를 국제사회에서 정식으로 할양받아 지금까지 점령하고 있습니다. 다시 말해 영국은 18세기 이후 대서양과 지중해를 연결하는 전략적으로 중요한 지브롤터 해협과 지브롤터를 지배해 오고 있습니다. 지브롤터에 사는 주민들은 지금까지 에스파냐 정부로의 반환을 반대하고 있지만, 에스파냐는 종종 지브롤터의 '탈식민지화'와 에스파냐 정부로의 반환을 촉구해 왔습니다.

영국이 지브롤터를 지배하고 있다면, 에스파냐는 지브롤터 해협 반대편 모로코 북부에 자신의 영토를 가지고 있습니다. 에스파냐의 해외 영토는 세우타,

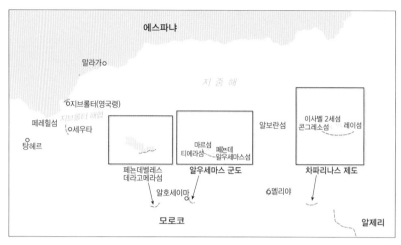

북아프리카에 있는 에스파냐 영토

멜리야 같은 큰 영토의 월경지와 몇몇 섬 월경지와 반섬half-island 월경지로 간주되는 작은 영토로 구분됩니다. 세우타와 멜리야 같이 다소 큰 영토는 자치시autonomous city로 분류됩니다. 모로코의 북쪽 해안에 위치한 작은 섬들은 에스파냐 주권 영토, '플라사스 데 소베라니아Plazas de soberanía'로 알려져 있습니다. 모로코를 지배한 에스파냐는 제2차 세계대전 이후 보호령이었던 모로코의 다른 지역들은 돌려주었지만 이들 지역만큼은 돌려주지 않았습니다. 에스파냐 주권 영토는 완전히 에스파냐에 속하며 따라서 유럽연합EU과 셍겐 지역Schengen Area이지만, 다른 에스파냐 지방에 속하지 않는 독특한 지위를 가지고 있습니다.

에스파냐가 이들 주권 영토를 어떻게 소유하게 되었는지를 이해하기 위해서는 역사를 살펴볼 필요가 있습니다. 8세기 초 북아프리카와 근동 지역으로 팽창했던 강력한 이슬람 세력(우마이야 왕조)은 오늘날의 에스파냐와 포르투갈이 있는 이베리아반도 대부분 지역을 정복했습니다. 이베리아반도에서는 이슬람 통치로부터 자유를 얻기 위한 투쟁이 오랫동안 지속되었습니다. 이베리아반도

세상에 이런 국경

의 마지막 이슬람 국가인 그라나다 왕국은 15세기 말에 정복되었습니다. 이슬
람 군대가 이베리아반도에서 북아프리카로 철수한 이후, 에스파냐와 포르투갈
은 모로코의 북쪽 해안에 있는 몇몇 전략적으로 중요한 반도와 섬을 정복하면
서 이슬람 군대를 뒤쫓았습니다. 전략적 요충지들은 두 가지 목적을 가지고 있
었습니다. 하나는 이슬람 군대의 이동을 살피는 것이었고, 다른 하나는 지브롤
터 해협을 운항하는 배를 향한 북아프리카 베르베르인Berber 해적의 공격을 막
는 것이었습니다.

페레힐섬Perejil Island은 가장 서쪽에 있는 에스파냐 주권 영토입니다. 페레힐
섬은 모로코 해안에서 250m, 에스파냐의 해외 영토인 세우타에서 8km, 에스
파냐 본토로부터는 거의 15km 떨어져 있습니다. 베르베르인은 페레힐섬을 원
래 '텅 빈'이라는 의미를 가진 '티우라Tura섬'이라고 불렀습니다. 왜냐하면 페레
힐섬은 아무것도 없는 바위섬이기 때문입니다. 크기도 축구장 정도로 작은 섬
입니다. 모로코는 1956년 에스파냐로부터 독립한 이후 에스파냐 보호령이었던
페레힐섬에 대한 영유권을 꾸준히 주장해 왔습니다. 반면 에스파냐는 15세기
부터 지배해 온 자신들의 영토라는 입장입니다. 그러던 2002년 모로코는 불법
이민 통제, 해상 마약 거래 단속을 위한 군사기지 건설 등을 명분으로 페레힐섬
에 무력으로 진입해 강제 점령했습니다. 에스파냐는 즉각 반발하고 페레힐섬에

군대를 보내 두 나라 사이에 무력 충돌 가능성이 고조되었습니다. 다행히 모로코가 군대를 철수했고, 미국의 중재로 두 나라는 모로코의 페레힐섬 점령 이전 상황으로 돌아가는 데 합의했습니다. 오늘날 페레힐섬은 완전히 버려져 있고, 에스파냐와 모로코가 서로 면밀히 감시하는 무인도를 대표합니다.

15세기 초 포르투갈에 점령되었던 세우타는 16세기 에스파냐가 포르투갈을 지배하면서 에스파냐에 속하게 되었으며, 1688년 리스본 조약을 통해 정식으로 에스파냐 영토가 되었습니다. 멜리야는 1497년 에스파냐 영토가 되었습니다. 그러나 모로코는 이들 영토를 에스파냐 식민 지배의 잔재로 간주하고, 즉시 모로코로 반환해야 한다고 생각합니다. 대다수의 세우타와 멜리야 주민들은 이 생각에 강력하게 반대합니다.

세우타의 동쪽으로는 페논데벨레스데라고메라섬Peñón de Vélez de la Gomera이 있습니다. 이곳은 원래 섬이었으나 모래가 대량 유입되면서 모로코 북부 해안에 연결되었습니다. 이로써 두 개의 주권 국가를 분리하는 세계에서 가장 짧은 육지 국경이 만들어졌는데, 그 길이는 85m에 불과합니다. 세우타에서 약 117km, 멜리야에서 약 126km 떨어져 있으며, 멜리야에서 섬을 관리하고 있습니다. 섬의 면적은 축구장 두 개 정도의 크기이며, 소수의 군인이 거주할 뿐 민간인은 살지 않는다고 합니다. 2012년에는 세우타·멜리야해방위원회Committee for the Liberation of Ceuta and Melilla에 속한 7명의 모로코인들이 섬을 급습하여 모로코 국기를 게양하였다가 에스파냐 군대에 4명이 체포된 사건이 발생하기도 하였습니다.

다시 더 동쪽으로 가면, 알우세마스 군도Alhucemas Islands/Islas Alhucemas가 있습니다. 이 작은 군도는 세 개의 섬으로 이루어져 있습니다. 세 개의 섬은 페논데알우세마스섬Peñón de Alhucemas, 마르섬Isla de Mar, 티에라섬Isla de Tierra입니다. 알우세마스 군도는 모로코의 도시 알호세이마Al Hoceima 해안으로부터

페뇬데벨레스데라고메라섬(출처: 위키미디어)

300m, 세우타에서 동쪽으로 약 150km, 멜리야에서 서쪽으로 85km 떨어진 곳에 위치합니다. 이 군도의 총면적은 0.045km²입니다. 페뇬데알우세마스섬은 작은 바위섬으로, 축구장 두 개 정도의 크기이며, 요새, 교회, 몇몇 집이 있습니다. 이 군도는 16세기 중반 이후 에스파냐에 속해 있습니다. 당시 지역 통치자들이 오스만 제국에 대항했는데 에스파냐가 도움을 준 대가로 알우세마스 군도를 에스파냐에게 주었습니다. 오늘날 페뇬데알우세마스섬에는 20~30명 정도의 군 수비대가 있으며, 티에라섬에도 군 수비대가 주둔하고 있는데, 불법 이민을 막기 위한 목적입니다.

알보란섬Isla de Alboran은 지중해의 가장 서쪽 지역인 알보란해에 위치하고 있습니다. 모로코 해안으로부터 북쪽으로 50km 떨어져 있고, 에스파냐 본토로부터 남쪽으로 90km 떨어져 있습니다. 알보란섬은 1540년 이후 에스파냐 소유

차파리나스 제도

이며, 소규모의 에스파냐 해군 수비대와 자동 등대가 있습니다. 알보란섬은 항공모함을 닮은 평탄한 대지로 면적은 0.07km²가 넘습니다. 알보란섬은 모로코가 반환을 요구하지 않고 있는 유일한 에스파냐의 주권 영토입니다.

　가장 동쪽에 위치한 에스파냐 주권 영토는 작은 차파리나스 제도Chafarinas Islands입니다. 이 제도는 19세기 중반 이후부터 에스파냐의 통치하에 있습니다. 콩그레소섬Isla de Congreso, 이사벨 2세섬Isla de Isabel II, 레이섬Isla de Rey으로 이루어져 있으며, 총면적은 0.7km²입니다. 이 섬들은 모로코 해안으로부터 4km 떨어져 있는 반면, 에스파냐의 멜리야로부터는 50km 떨어져 있습니다. 세 개의 섬 중에서 가장 중요한 것은 0.15km² 면적의 중간 크기 섬인 이사벨 2세섬이며, 이 섬에는 200명 정도의 군인 수비대가 있습니다.

세상에 이런 국경

2) 에스파냐와 모로코 국경에 있는 장벽과 비무장지대: 세우타와 멜리야 장벽

앞에서 에스파냐의 자치시인 세우타와 멜리야에 대해 간단히 언급했습니다. 여기서는 세우타와 멜리야에 세워진 장벽과 비무장지대DMZ에 대해 살펴보겠습니다.

에스파냐는 이베리아반도에 있는 나라입니다. 에스파냐는 신항로 개척으로 한때 유럽의 부국으로 떠올랐습니다. 모로코 북부에 있는 세우타와 멜리야 장벽과 이곳에 남아 있는 비무장지대는 에스파냐의 영화로움을 상징하는 동시에 국경 분쟁을 비무장지대로 해결한 대표적인 곳이기도 합니다.

세우타는 1415년 포르투갈령이 되었다가 1580년 동군연합이 성립되면서 에스파냐령이 되었고, 1668년 동군연합이 끝난 뒤 에스파냐에 정식 양도되었습니다. 멜리야는 에스파냐가 건설한 최초의 아프리카 식민지로 1497년부터 지금까지 에스파냐 영토로 남아 있습니다. 이후 세우타와 멜리야는 1995년 자치 법규가 통과되어 에스파냐의 자치시가 되었습니다.

한편 모로코는 1975년부터 세우타와 멜리야에 대한 영유권을 주장하였습니다. 모로코는 세우타와 멜리야를 에스파냐가 영유하는 것은 식민 시대의 유산이라는 논리로 영유권을 주장하고 있지만, 에스파냐는 이 두 지역이 모로코가 국가를 형성하기 이전부터 에스파냐의 영토였다는 점을 내세워 반박하고 있습니다.

이후 1990년대 중반 에스파냐는 아프리카에서 에스파냐로 들어오는 불법 난민을 막기 위해 세우타와 멜리야에 장벽을 설치하고 이 지역을 비무장지대로 설정하게 됩니다. 세우타, 멜리야는 현재 에스파냐의 정식 영토로 유엔에서 인정하고 있습니다. 이 지역 사람들 역시 에스파냐에 계속 남기를 원하고, 에스파냐는 바스크 분리독립 문제로, 모로코는 유럽 접점에서 오는 경제적 이익으로 인해 현상 유지를 원하기 때문에 세우타, 멜리야 장벽과 비무장지대는 현재 난

세우타 장벽

멜리야 장벽(출처: 위키미디어)

세상에 이런 국경

민 방지용으로 이용되는 실정입니다.

　아프리카인들은 목숨을 걸고 모로코−에스파냐 국경을 넘습니다. 아프리카에서 유럽과 연결된 유일한 통로인 세우타와 멜리야를 통해 유럽으로 건너가기 위한 것이지요. 가난과 전쟁을 피해 국경을 넘지만 이마저도 녹록지 않습니다. 날카롭고 높은 철책이 그들을 가로막고 있습니다. 에스파냐도 밀려드는 불법 이민자를 감당하기 어렵습니다. 2021년에는 이틀간 8,000여 명의 사람이 세우타를 통해 밀입국을 시도했으며, 2022년에는 하루 동안 2,000여 명이 멜리야 국경을 넘기 위해 소동을 벌였습니다. 이로 인해 밀입국을 시도하는 사람들은 물론 에스파냐 국경 수비대와 주민들이 다치고 사망했습니다. 누구 편도 들기 어려운 안타까운 상황이 모로코−에스파냐 국경에서 펼쳐지고 있습니다.

06

트럼프가 쏘아 올린 만리장성, 미국-멕시코 국경 장벽

1) 국경에 장벽이 세워지는 이유는 뭘까?

1989년 서독과 동독을 가르던 베를린 장벽이 무너지면서 독일은 통일되었습니다. 최근에는 세계화로 국가 간의 경계가 모호해지거나 유럽처럼 아예 없어지기도 합니다. 그러나 실상 세계 여러 국가의 경계에는 여전히 장벽이 존재합니다.

국경 장벽은 전쟁 혹은 분단으로 세워지는 경우가 많습니다. 인도와 파키스탄의 국경에 세워진 1,500km의 테러범 차단용 철책, 우크라이나의 크림반도를 빼앗은 러시아가 우크라이나의 접경에 설치한 60km의 철책, 그리스계와 튀르크계로 남북이 분단된 지중해 키프로스 유엔 완충지대에 설치된 철조망, 대한민국의 휴전선과 비무장지대DMZ, 이스라엘과 팔레스타인 요르단강 서안지구, 가자지구 사이에 있는 장벽 등이 그러하지요.

그뿐만 아니라 유럽 국가들은 난민 유입을 막기 위해 국경선에 방어벽을 쌓고 있습니다. 그리스와 불가리아는 난민 유입 통로인 튀르키예 국경지대에 철조망을 세웠고, 헝가리 역시 세르비아와의 국경에 175km 길이의 철조망과 이중 방벽을 설치했습니다. 영국과 프랑스 또한 칼레에 장벽을 쌓는 중입니다. 에스파냐는 아프리카 모로코와 국경을 맞대고 있는 세우타, 멜리야에 높이 6m, 길이 20km의 철책을 세웠습니다. 아프리카 부유국인 보츠와나도 인접한 빈국 짐바브웨와의 국경에 사실상의 월경 방지용 '위생 장벽'을 세웠습니다. 가축 전염병을 방지한다는 명분이지만 불법 이민을 막기 위한 것으로 보입니다. 트럼프 전 미국 대통령은 멕시코에서 들어오는 불법 이민자를 퇴치하기 위해 거대한 장벽을 설치하려고 했습니다.

2) 이민자가 세운 나라, 인종의 샐러드 미국

미국은 이민자들이 세운 나라입니다. 흔히 인종의 샐러드 또는 인종의 용광로, 인종의 모자이크라고 하죠. 백인에서부터 아프리카아메리칸(흑인), 그리고 아시아인과 히스패닉까지 그야말로 다양한 인종이 함께 살고 있습니다. 히스패닉은 에스파냐어를 쓰는 중남미 출신의 미국 이주민을 뜻하는 말입니다. 인종적으로 아메리카 원주민과 에스파냐계 백인의 혼혈이며, 대개 가톨릭교를 믿고 있습니다. 2020년 미국 센서스에 따르면 전체 인구 중 히스패닉의 비율은 18.7%로 소수계 인종 중 최대 그룹이며, 뉴멕시코, 캘리포니아, 텍사스 세 개 주에 밀집해 거주하고 있습니다. 출신 국가는 다르지만 에스파냐어와 가톨릭이라는 종교를 공유하고 있어 흑인 못지않은 응집력을 보이고 있습니다.

히스패닉은 일자리를 찾아 미국으로 이주하는 경우가 많으며 대부분 낮은 임금을 받고 건설 인력, 청소부, 식당 종업원 등의 서비스업에 종사하고 있습니다. 하지만 미국 내에서 히스패닉 인구 비율이 꾸준히 늘고 있기 때문에 히스패닉은 정치, 경제, 문화 등 사회 전반에서 큰 영향력을 행사하고 있습니다. 그러나 미국인과의 일자리 경쟁에 따른 갈등과 불법 체류 문제, 이주민에게 쓰이는

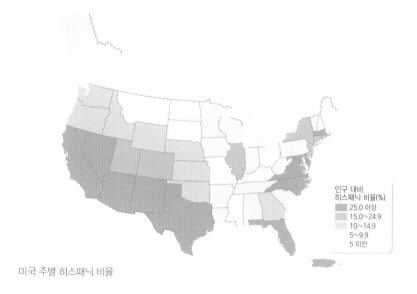

미국 주별 히스패닉 비율

비용에 대한 경제적 부담이 가중되면서 미국 내 이주민에 대한 비판적 시각이 증가하고 있습니다.

3) 미국-멕시코 국경 사이의 장벽, 그레이트 월

미국은 북쪽으로는 캐나다, 남쪽으로는 멕시코와 국경을 맞대고 있습니다. 미국과 캐나다는 선진국으로 별 문제없이 잘 지내고 있습니다. 그런데 미국과 멕시코의 관계는 사정이 다릅니다. 미국과 멕시코의 국경선 길이는 3,000km가 넘으며, 여기에는 미국으로 불법 입국을 하려는 사람들을 막기 위한 울타리가 설치되어 있습니다. 멕시코를 비롯한 남아메리카 출신의 수많은 사람이 이 울타리를 넘으려다 국경 수비대에게 체포되거나 총에 맞아 죽습니다.

트럼프 전 대통령은 이러한 밀입국을 막고자 후보 시절부터 미국과 멕시코를 가르는 국경에 거대 장벽을 세우겠다고 선언했습니다. "불법 이민자는 안 됩니다", "우리 남쪽 국경에 거대한 장벽을 세우고 그 비용은 멕시코가 내도록 만들

미국-멕시코 국경 울타리와 주변을 순찰하는 국경 수비대

겠습니다"라고 했지요. 그리고 트럼프 대통령은 취임 후 곧바로 장벽을 세우도록 하는 행정명령에 서명했습니다.

트럼프 전 대통령이 이처럼 국경 장벽 건설에 열을 올린 것은 그의 반이민 정책과 관련 있습니다. 그는 장벽을 세움으로써 불법 이민자들이 미국인의 일자리를 빼앗지 못하게 막고, 그들이 미국에서 벌일 범죄로부터 미국을 보호한다는 명분을 내세웠습니다. 실제로 미국-멕시코 국경에서는 마약 관련 범죄가 끊이지 않아서 미국은 물론이고 멕시코도 골머리를 앓고 있습니다. 그러나 모든 불법 이민자를 잠재적 범죄자로 취급하는 것은 사회적 갈등을 더 심각하게 만들 뿐입니다.

어쨌든 트럼프 전 대통령 재임 당시 9m 높이에 이르는 거대한 장벽이 미국-멕시코 국경 사이에 세워지기 시작했습니다. 하지만 반화합적, 반인도적, 극우 인종주의 정책에 따른 국내외 여론 악화와 무엇보다 천문학적인 비용으로 건설은 계획처럼 진행되지 못했습니다. 더욱이 2020년 미국 대통령 선거에서 바이든 대통령이 당선되면서 그의 계획은 동력을 잃어버렸습니다. 바이든 대통령은 취임 첫날 국경 장벽 건설을 중단하는 행정명령에 서명했습니다. 이에 따라 기존에 체결한 건설 계약도 잇따라 취소되었습니다.

미국 행정부 차원에서는 국경 장벽 건설을 백지화했지만, 텍사스주는 자체적으로 장벽을 건설하고 있습니다. 그레고리 애벗 텍사스 주지사는 트럼프 전 대통령의 주장과 마찬가지로 불법 이민자를 막고, 마약 밀반입을 중단하며, 공동체를 안전하게 만들기 위해 장벽을 건설한다고 밝혔습니다.

장벽의 건설과 상관없이 오늘도 수많은 사람이 미국으로 가기 위해 미국-멕시코 국경을 넘고 있습니다. 장벽은 결국 해결책이 되지 못한 것이죠. 오히려 장벽 건설 이전보다 사상자 수가 증가했다는 통계가 보고되기도 했습니다. 미국-멕시코의 국경 문제가 해결의 실마리를 찾기는 요원해 보입니다.

2장

민족적·역사적 배경으로
생긴
국경

07
영토에도 콘도미니엄이 있다

　세계에는 특정 영토(대개 식민지)에 대해 두 개 이상의 국가가 동등한 주권을 행사하기로 합의한 지역이 있습니다. 이것을 국제법상으로 '콘도미니엄Condo-minium'이라고 합니다. 사실 콘도미니엄 하면 주택의 한 유형을 떠올리기 쉽습니다. 우리나라에서 콘도미니엄(줄여서 콘도)에 산다고 하면 부자라고 생각하던 때가 있었습니다. 지금이야 아파트가 우리나라 주택 문화를 제패했다고 해도 과언이 아니지만, 한때는 콘도가 아파트와는 차별된 고급 공동주거 문화를 의미했습니다. 지금 우리나라에서 콘도의 인기는 시들해져 주택에 더 이상 이 용어를 사용하지 않는 것 같습니다. 콘도는 단독주택과 달리 공동주거를 한다는 점에서는 아파트와 비슷하지만, 세대수가 적고 다소 고급 주거지라는 점에서는 차이가 있습니다. 사실 지금은 아파트도 매우 고급화되어 이러한 비교는 의미가 없게 되었지만요.

　역사를 통해 볼 때, 콘도미니엄에 대한 여러 사례가 있습니다. 현대 국민국가가 형성되면서 콘도미니엄하에 있는 영토들은 대개 특정 국가에 포함됨으로써 사라졌습니다. 그렇다고 모든 콘도미니엄이 사라진 것은 아닙니다. 세계에는 여전히 몇몇 콘도미니엄이 존재하고 있습니다.

1) 6개월마다 국적이 바뀌는 꿩섬: 에스파냐와 프랑스

에스파냐 북부 바스크 지방에는 꿩섬Pheasant Island이 있습니다. 바스크 지방은 피레네산맥 서부 프랑스와 에스파냐에 걸쳐 있는 지방입니다. 에스파냐와 프랑스는 이 섬을 각각 꿩을 뜻하는 파이사네스faisanes, 페장faisan이라고 부릅니다. 꿩섬은 바스크 지방을 흘러 에스파냐와 프랑스의 국경에서 대서양으로 흘러드는 비다소아강Bidasoa River에 있는 6,820㎡의 면적을 가진 길이 200m, 폭 40m에 불과한 작은 무인도입니다. 꿩섬은 비다소아강이 비스케이만과 만나는 곳에서 상류로 약 5km 떨어진 곳에 위치합니다.

이 섬은 전통적으로 프랑스와 에스파냐 왕실 사이에 혼인이 있을 때 신부를 상대에게 처음으로 소개하는 행사가 열리던 곳이었습니다. 1615년 루이 13세가 에스파냐 펠리페 3세의 딸 안 도트리슈를 처음 만난 곳도 이곳이었고, 그들의 아들인 펠리페 4세가 프랑스 앙리 4세의 딸인 이사벨과 처음 만난 곳도 이곳이었습니다.

이런 역사적인 의의를 평가해 에스파냐와 프랑스는 1659년 30년간 이어 온 전쟁을 마무리하기 위해 양국 국경에 위치한 이 섬에서 협상을 벌였습니다. 석 달간의 협상 끝에 맺은 것이 피레네 조약입니다. 양국은 이 조약을 통해 꿩섬을 양국의 평화와 협력을 상징하는 중립 영토인 콘도미니엄으로 선언하고 양국이 6개월마다 통치권을 주고받기로 정했습니다. 세계에서 가장 오래된 콘도미니엄이 탄생한 것이지요. 이후 매년 2월부터 7월까지는 에스파냐에서, 8월부터 1월까지는 프랑스에서 통치하고 있습니다. 두 나라는 지난 360여 년간 6개월마다 주권을 주고받았습니다. 즉 무려 700번 이상 이 섬의 주인이 바뀐 셈이지요.

프랑스와 에스파냐 국경에 위치한 꿩섬

꿩섬

꿩섬에는 피레네 조약 체결을 기념하기 위한 하얀색 기념비가 있습니다.

꿩섬은 에스파냐와 프랑스가 공동으로 소유하고 있는 것이 아니라 소유권을 나누어 갖는다는 점에서 매우 독특한 콘도미니엄입니다. 에스파냐 산세바스티안의 해군사령관과 프랑스 바욘의 해군사령관이 꿩섬의 주지사 혹은 총독 역할을 합니다. 실제 관리는 에스파냐 이룬Irun 시장과 프랑스 앙다이Hendaye 시장이 맡습니다. 앙다이 시의회는 일년에 한 번씩 작은 보트로 직원들을 섬에 보내 잔디를 깎고 나무를 다듬게 합니다. 에스파냐 경찰은 종종 섬으로 들어오는 불법 야영객을 쫓아내는 역할을 합니다. 이룬과 앙다이의 시장은 매년 12번씩 만나 수질과 어업권 등도 논의합니다. 그러나 안타깝게도 일반인의 출입은 허용되지 않습니다. 드물게 섬 내 유적 개방 행사가 이루어지기도 하지만 통치권 교대식 때 양국 군인과 섬 관리 직원만 출입할 수 있습니다.

분쟁 없이 평화로운 이 섬이 직면한 가장 큰 위험은 기후변화입니다. 날씨가 따뜻해지면서 피레네산맥의 만년설이 녹기 시작했습니다. 이 물은 비다소아강으로 흘러 들어와 섬의 면적을 계속 축소시키고 있습니다. 양국의 공동 통치가 시작된 이후 지금까지 이 섬의 면적은 절반으로 줄었습니다. 하지만 에스파냐와 프랑스 모두 이 문제를 해결하는 데 별 관심이 없어 보입니다.

2) 모젤강: 독일과 룩셈부르크

1814년 9월 1일에서 1815년 6월 9일까지 열린 빈회의는 나폴레옹 전쟁의 혼란을 수습하고, 유럽을 나폴레옹 전쟁 이전 상태로 돌리는 것이 목표였습니다. 프랑스 혁명 이전의 유럽 왕정 체제를 보수하고 유지하는 것이 목표였지요. 나폴레옹 전쟁과 같이 유럽의 기존 체제를 위협하는 일을 예방하고 프랑스가 다시 강국이 되지 못하도록 견제하는 것도 빈회의의 중요한 목표였습니다.

빈회의의 일환으로 1816년 독일과 네덜란드는 평화조약을 체결합니다. 이 조약에 따라 독일과 룩셈부르크(당시 네덜란드)의 국경은 대개 모젤강Moselle River, 자우어강Sauer River, 오우르강Our River을 따라 설정되었습니다. 이 조약은 강, 다리, 댐, 섬(하중도)을 콘도미니엄에 둔다는 데 동의했습니다. 룩셈부르크, 프랑스, 독일 세 나라가 만나는 곳에 위치한 모젤강의 한 섬은 대부분 프랑

모젤강. 사진의 왼쪽 아래는 독일, 왼쪽 위는 프랑스, 오른쪽은 룩셈부르크입니다. 사진에서 섬 아래쪽 일부는 독일과 룩셈부르크의 콘도미니엄이며, 나머지 대부분은 프랑스 소유입니다. (사진 위쪽이 남쪽)

스에 속지만, 그 섬의 북쪽 끝부분은 독일과 룩셈부르크가 공동으로 소유했습니다.

독일은 제1차 세계대전과 제2차 세계대전 사이에 콘도미니엄과 그것의 분할이 중단되어야 한다고 제안했습니다. 그러나 작은 룩셈부르크 대공국은 강력한 이웃인 독일의 제안을 대담하게 거절했습니다. 콘도미니엄 협정의 마지막 개정은 다리의 지위와 관련되었습니다. 독일은 다리를 반으로 분할해야 한다고 생각했습니다. 그러나 1984년 부가적인 독일-룩셈부르크 국경 협정은 다리 역시 공동관리 영역으로 규정했습니다.

3) 폰세카만: 엘살바도르, 온두라스, 니카라과

중앙아메리카의 온두라스 서부 태평양 연안에 있는 폰세카만Gulf of Fonseca

엘살바도르, 온두라스, 니카라과
3개국에 둘러싸인 폰세카만

은 서쪽으로 엘살바도르, 동쪽으로는 니카라과에 접해 있습니다. 이곳은 영토 분쟁이 끊이지 않았던 곳으로, 특히 파나마 운하가 건설되기 이전에 미국이 운하 건설을 검토했을 정도로 지정학적으로 중요한 위치입니다.

그러던 1917년에 니카라과는 엘살바도르, 온두라스와 상의 없이 미국과 브라이언–차모로 조약을 체결하고 미국의 해군기지 건설을 허가하게 됩니다. 이에 반발한 엘살바도르와 온두라스가 국제사법재판소International Court of Justice: ICJ에 제소해 승소함으로써 미국 해군기지 건설은 무산됩니다. 그러나 이후에도 분쟁이 계속되었습니다. 급기야 1992년 국제사법재판소는 폰세카만을 세 나라의 콘도미니엄으로 결정하는 판결을 내렸습니다. 그러나 폰세카만에 있는 세 개의 섬은 천연 방파제가 되어 이곳을 양항으로 만들고 있는데, 이 섬들은 엘살바도르와 온두라스가 분할해 통치하고 있습니다.

4) 보덴호: 독일, 오스트리아, 스위스

보덴호Bodensee는 중부유럽에 있는 호수로 독일, 오스트리아, 스위스에 걸쳐

보덴호 위치

있습니다. 보덴호 내부는 국경선을 나누지 않았기 때문에 예로부터 교역과 어업권을 두고 독일, 오스트리아, 스위스 세 나라 사이에 분쟁이 끊이지 않았습니다. 그래서 보덴호를 '국경을 삼키는 블랙홀'이라는 별명으로 부르기도 합니다. 따라서 세 나라는 불필요한 분쟁을 피하기 위해 호수에 있는 섬을 제외한 모든 것을 콘도미니엄으로 정하였습니다.

그러나 독일, 오스트리아, 스위스가 해석하는 보덴호 국경에는 미묘한 차이가 있습니다. 스위스는 호수 중간에 국경이 있는 것으로 해석하고 있습니다. 그래서 스위스에서 출발하는 유람선은 보덴호 중간 지점에서 회항합니다. 이와 달리 오스트리아는 호수 전체를 콘도미니엄으로 해석하고 있습니다. 반면 독일은 공식적인 해석을 하지 않고 있습니다.

5) 브르치코 행정구

발칸반도는 흔히 '세계의 화약고'라고 합니다. 보스니아 내전 이후 보스니아 헤르체고비나 공화국은 크로아티아인과 보스니아인이 통치하는 보스니아 헤르체고비나 연방과 세르비아인이 통치하는 스릅스카 공화국이라는 두 개의 정

브르치코 행정구는 보스니아 헤르체고비나 연방과 스릅스카 공화국의 콘도미니엄입니다.

치 단체로 구성된 보스니아 헤르체고비나가 되었습니다. 또한 둘 사이에는 두 정치 단체의 콘도미니엄인 브르치코 행정구Brčko District가 있습니다. 브르치코 행정구는 정치적·경제적 요충지로서 소유권에 대한 분쟁이 끊이지 않았으나 1999년 미국 외교관 로버트 오언Robert Owen의 중재로 콘도미니엄으로 지정되었습니다.

그러나 실제로 브르치코 행정구는 제3의 정치 단체로서 기능합니다. 공동 주권 지역이지만 저마다의 독립된 경찰과 교육 및 보건 제도를 가지고 있습니다. 시장은 크로아티아인이며 대리인은 보스니아인, 시의회 의장은 세르비아인이 맡고 있는 등 표면적으로는 화해를 유지하고 있는 것처럼 보이지만 내면으로는 내전의 상처가 아물지 않았음을 알 수 있습니다.

6) 트로믈랭섬

트로믈랭섬은 마다가스카르로부터 동쪽으로 약 450km 떨어져 있고, 프랑스 해외 영토인 레위니옹Réunion으로부터 북쪽으로 약 550km 떨어진 곳에 위치하고 있습니다. 면적 약 1km²의 작은 이 섬은 18세기 이곳을 방문한 프랑스 전

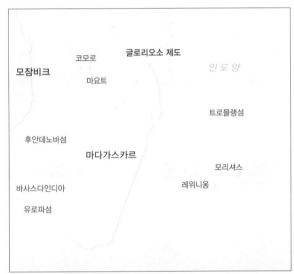

트로믈랭섬 위치

오늘도 트로믈랭섬에는 자유, 평등, 박애의 삼색기가 휘날리고 있습니다. (출처: 위키미디어)

트로믈랭섬의 비극: 잊힌 노예들

트로믈랭섬에는 과거 제국주의 열강이었던 프랑스가 저지른 아픈 역사가 있습니다. 1761년 프랑스 동인도회사 소속 루틸 (L'Utile)호에는 당초 122명의 백인 선원과 160명의 흑인 노예가 타고 있었습니다. 그러나 루틸호는 트로믈랭섬 인근에서 좌초되었고, 지하 갑판 아래에 감금되어 있던 흑인 노예 중 백여 명이 사망하고 살아남은 사람은 60여 명뿐이었습니다. 백인 선원들은 겨우 건진 얼마 남지 않은

고고학 발굴로 트로믈랭섬의 비극을 세상에 알린 탐사대의 일원 막스 게루(Max Guerout, 좌) 해양고고학자와 동료들

식량을 노예들에게는 거의 나누어 주지 않아 배고픔과 목마름에 시달린 노예들은 또다시 다수가 사망했습니다. 살아남은 백인 선원들은 우물을 파고 고기를 잡는 등 돌과 모래뿐인 황무지 무인도에서 수개월을 보내다 난파된 루틸호에서 건진 널빤지 등으로 배를 만들어 노예들에게 '반드시 구하러 돌아오겠다'는 말만 남긴 채 자신들만 탈출합니다.

흑인 노예들은 1776년 구조되기까지 장장 15년이나 이 섬에 남겨져야 했습니다. 식량도 식수도 없고 무시무시한 인도양의 사이클론이 단골손님처럼 찾아오는 망망대해의 한가운데서 말입니다. 그들은 갈매기, 어류, 조개 등을 닥치는 대로 잡아먹으며 살아남기 위해 발버둥쳤습니다. 그들은 백인 선원들이 그들에게 했던 약속을 지킬 거라 믿으며 기다렸습니다.

물론 탈출에 성공한 백인 선원들도 노력하지 않은 건 아니었습니다. 탈출한 선원들은 프랑스령 모리셔스 총독에게 자신들이 남겨 두고 온 노예들을 구조하기 위해 구조선을 파견해 달라고 요청했지만 당시 인근 해역에서 영국과 치열한 패권 다툼을 벌이던 프랑스 사령부는 그 요청을 거부합니다. 몇 번의 요구가 받아들여지지 않자 선원들은 흑인 노예들을 점차 잊어버렸습니다.

그렇게 15년이 흐른 뒤, 우연히 트로믈랭섬 근처를 지나던 프랑스 선박은 흑인 노예 14명을 구출하게 됩니다. 초기 160명의 흑인 노예 중 불과 14명만이 살아남은 것입니다. '반드시 다시 돌아와 구출해 주겠다'는 약속은 어쨌든 지켜졌습니다. 비록 그들 대다수는 돌아가지 못했지만 말입니다.

세상에 이런 국경

함의 함장 트로믈랭Bernard Boudin de Tromelin의 이름을 따서 지어졌습니다. 이후 프랑스의 관리하에 있다 19세기에 영국 식민지였던 모리셔스에 속하게 되었고, 1954년 영국과 프랑스 간 합의로 다시 프랑스에 속하게 되었습니다. 이 결정에서 모리셔스가 배제되었기 때문에 1968년 모리셔스가 영국으로부터 독립하면서 트로믈랭섬의 반환을 요구하고 있습니다. 프랑스와 모리셔스는 트로믈랭섬을 공동 관리하기 위해 2009년 협상을 진행했으나, 2017년 이후 중단된 상태입니다. 두 국가 간 협정이 재개되어 마무리된다면 인도양에 또 하나의 콘도미니엄이 생길 것입니다.

현재 트로믈랭섬은 프랑스령 남부와 남극지역Terres australes et antarctiques françaises: TAAF에 속하며, TAAF의 기상관측소가 있어서 기상 연구를 위한 전문가가 상주한다고 합니다. 그러나 일반인은 살지 않고 있습니다.

트로믈랭섬은 경제적으로나 전략적으로 큰 이익이 있는 것은 아니지만 주변 바다에 어류가 풍부한 것으로 알려져 있습니다. 또 바닷새의 번식지로 중요해 중요조류지역Important Bird Area으로 지정되어 있습니다.

7) 남극, 키프로스, 앵글로이집트수단

놀랍게도 대륙 전체를 일종의 콘도미니엄으로 간주할 수 있는 곳이 있습니다. 바로 남극입니다. 혹독한 자연환경 때문에 인간의 접근이 어려웠던 남극은 주인 없는 땅인 무주지로 여겨지곤 했습니다. 그러나 과학기술이 발달하면서 발견, 선점, 지리적 근접성을 이유로 각국이 영유권을 주장하기 시작했습니다. 이에 국제 분쟁을 미연에 방지하고자 미국, 영국, 소련 등 영유권을 주장하는 12개 국가가 참여해 1959년 남극조약Antarctic Treaty을 체결했습니다. 남극조약은 남극의 평화적 이용, 과학적 탐사의 자유, 영유권의 동결 등의 내용을 담고 있습니다. 현재는 50여 개 국가가 당사국으로 가입되어 있으며, 남극조약 체제하에서 모든 인류는 남극에서 활동할 수 있습니다. 따라서 남극 대륙은 전 세계가 관리하는 콘도미니엄인 것입니다.

과거에 존재했던 콘도미니엄 중에도 독특한 사례들이 있습니다. 그중 하나가 키프로스입니다. 키프로스는 7세기부터 10세기까지 비잔틴 제국과 우마이야 왕조의 콘도미니엄이었습니다. 이 두 국가는 거의 끊임없이 전쟁을 했습니다. 그러나 키프로스에서만은 예외였습니다. 두 나라는 키프로스를 공동 통치하는 내내 세금을 적절한 절차에 따라 거둬들이고 동등하게 나누어 가졌습니다.

수단의 옛 이름, 앵글로이집트수단Anglo-Egyptian Sudan은 독특한 방식으로 만들어진 콘도미니엄이었습니다. 영국은 19세기 말 이집트를 점령해 보호국으로 선언했습니다. 비록 이집트는 공식적으로 제1차 세계대전이 시작될 때까지 오스만 제국의 자치 지역으로 남아 있었지만 말이죠. 그 후 영국은 자신의 식민지 이집트와 함께 수단(현재의 수단과 남수단)을 정복했고, 공식적으로 공동 통치를 선언했습니다. 그러나 1955년 콘도미니엄이 사라질 때까지 영국이 사실상 지배적인 역할을 유지했습니다.

08
프랑스에 있는 에스파냐 마을, 이비아

프랑스 영토에 에스파냐 마을이 있다고 하면 에스파냐 테마파크나 에스파냐처럼 꾸민 마을 정도로 생각하기 쉽습니다. 우리는 흔히 이러한 가짜 경험을 제공하는, 진정하지 못한 것을 키치kitsch라고 합니다. 하지만 프랑스에는 진짜 에스파냐 마을이 있습니다. 이 마을에서 차로 3분 만 나가면 프랑스이고 실제로 통신사가 변경됩니다. 프랑스 영토에 있는 이 에스파냐 마을의 이름은 이비아 Llívia입니다. 사실 더 정확하게 말하면 프랑스 영토 내에 있는 카탈루냐 마을입니다. 이비아는 안도라로부터 동쪽으로 약 20km, 에스파냐−프랑스 국경으로부터 1km 떨어진 곳에 있습니다. 약 1,500명 주민들이 프랑스 속의 12km^2 정도 되는 이 에스파냐 월경지에 살고 있습니다.

이비아가 에스파냐의 월경지가 된 것은 흥미롭습니다. 이비아가 에스파냐의 월경지가 된 중요한 요인은 중세 초기부터 이비아에 도시town 지위를 부여했기 때문입니다. 이비아는 카탈루냐 국가 중 하나인 세르다냐Cerdanya의 고대 수도였고, 에스파냐와 프랑스가 피레네산맥을 기점으로 국경을 설정한 17세기 후

이비아 마을 전경

이비이 위치

반에 중요한 역할을 했습니다. 에스파냐와 프랑스의 국경 협정에 따라 에스파냐는 북부 세르다냐의 모든 마을을 프랑스에 양도했습니다. 그러나 이비아는 도시의 지위를 가지고 있었기 때문에 에스파냐는 이 분리된 땅을 자기 소유로 그대로 유지했습니다. 주민들은 이비아를 종종 카탈루냐의 '발생지'로 여깁니다. 왜냐하면 그들의 중세 통치자인 수니프레드 백작Count Sunifred이 이비아를

세상에 이런 국경

부요스호

통치해 현재의 카탈루냐 정체성의 토대를 마련했기 때문입니다.

　프랑스는 이비아가 본국에서 떨어져 나간 것에 대한 대가로 이비아 북쪽 부
요스호Bouillouses Lake 서쪽의 비교적 넓은 토지를 할당받았습니다. 이 땅 역시
이비아에 속하지만 프랑스의 주권이 미칩니다. 해발 약 2,000m에 자리 잡은 수
정처럼 맑은 부요스호는 인기 있는 휴양지입니다. 이곳은 관광지일 뿐만 아니
라 낙농업과 고품질 우유를 생산하는 것으로 유명합니다.

　이비아에는 15세기 초에 설립된 유럽에서 가장 오래된 에스테 약국Esteve
Pharmacy이 있습니다. 현재 이 약국은 이비아에 기부되어 약국 박물관으로 사
용되고 있으며, 이곳에는 중세 약국에서 처방하던 연고를 비롯해 약제사가 사
용했던 유약을 칠한 도제약통(陶製藥壺) 알바렐로albarello가 있습니다. 그 외에
도 유럽에서 수집한 처방전뿐만 아니라 오래된 약과 화장품도 전시하고 있습

에스테 약국에 보관 중인
청토기 항아리 알바렐로

에스테 약국 외관

니다.

 이비아는 조용한 시골 마을임에도 불구하고 주요 관광지로 손꼽히는데, 그것은 단지 에스파냐의 월경지이기 때문만은 아닙니다. 이비아에서는 1982년 클래식 음악 축제가 열린 이후 매년 뮤직 페스티벌이 개최됩니다. 수준 높은 오케스트라부터 다양한 장르의 음악 공연이 펼쳐져 사람들을 불러 모읍니다. 또 인근 언덕에 있는 폐허의 요새뿐만 아니라 약국 박물관도 많은 방문객을 끌어모으고 있습니다.

세상에 이런 국경

09

스위스에 둘러싸인 이탈리아의 월경지, 캄피오네디탈리아

　루가노호Lugano Lake는 남부 스위스와 북부 이탈리아의 국경에 위치한 빙하호입니다. 루가노호는 스위스의 남쪽 끝, 즉 알프스산 남쪽 기슭에 있으며, 같은 이름을 가진 루가노시가 북서쪽 해안에 있습니다. 루가노호의 2/3는 스위스에 속하고, 나머지 1/3은 이탈리아에 속합니다. 이탈리아에 속하는 1/3의 중요한 지역이 스위스 영토로 둘러싸여 있습니다.

　스위스 속 이탈리아의 월경지인 이 마을은 캄피오네디탈리아Campione d'Italia입니다. 캄피오네디탈리아는 루가노호의 동쪽 호안, 루가노시의 남동쪽에 있습니다. 이곳의 면적은 약 1.6km²이며 2,000명 정도의 주민이 살고 있습니다. 캄피오네디탈리아는 이탈리아 본토로부터 1km도 채 떨어져 있지 않지만 높은 산이 가로막고 있습니다. 그래서 캄피오네디탈리아의 주민들은 가장 가까운 이탈리아의 도시로 가기 위해 거의 15km를 둘러 가야 합니다. 말 그대로 가깝고도 먼 곳이지요.

　캄피오네디탈리아는 아름다운 루가노호뿐만 아니라 공영 카지노가 있어서

루가노

스위스

루가노 호

캄피오네
디탈리아

이탈리아

캄피오네디탈리아 위치

캄피오네디탈리아로 들어가는 입구

많은 여행객이 찾아옵니다. 이탈리아는 스위스와 달리 카지노 배팅 금액에 제한이 없습니다. 또 외국인으로서 세금을 내지 않아도 되기 때문에 스위스 거부들이 마음껏 노름을 즐기기 위해 이곳 공영 카지노를 찾는다고 합니다.

이 공영 카지노는 제1차 세계대전 동안에 다른 나라 외교관으로부터 정보를 수집하기 위한 장소로서 1917년에 설립되었습니다. 소유주는 이탈리아 정부이며, 운영은 지자체가 해 오고 있었습니다. 한때 유럽에서 가장 큰 카지노였던 이곳은 2018년에 지자체의 부채로 파산 선고를 받고 폐쇄되었습니다. 캄피오네디탈리아에서 가장 많은 사람을 고용하던 카지노가 문을 닫자 500여 명이 일자리를 잃었고, 관광객이 급감하면서 지역 경제 또한 악화되었습니다. 다행히 2022년 1월 카지노가 재개장해 주민들은 지역 경제 활성화를 기대하고 있습니다.

캄피오네디탈리아는 이탈리아의 영토지만, 이곳에 제공되는 많은 서비스는 스위스와 더 밀접하게 연계되어 있습니다. 화폐는 유로도 통용되지만, 공식 통화는 스위스 프랑입니다. 스위스는 통관 수속을 책임지며, 이곳의 자동차들은 알파인 연방Alpine Confederation의 번호판을 사용합니다. 전화도 마찬가지입니다. 거의 모든 전화는 스위스 교환원을 거칩니다. 따라서 이탈리아 본토에서 캄피오네디탈리아로의 통화는 국제전화로 취급됩니다. 주소와 관련해서는 이탈리아와 스위스 우편번호 둘 다 허용됩니다. 캄피오네디탈리아 주민들은 스위스 주민과 동일하게 스위스 병원의 서비스를 받을 권리가 주어집니다.

역사적으로 캄피오네디탈리아의 가장 중요한 순간은 18세기 말 티치노주가

캄피오네디탈리아 전경. 가운데 화려한 건물이 공영 카지노입니다.

스위스 연방에 가입했을 때입니다. 캄피오네디탈리아 주민들은 이후 이탈리아의 일부가 된 롬바르디아주에 남기로 결정했습니다. 현재의 지명은 1930년대 중반, 당시 이탈리아의 베니토 무솔리니Benito Mussolini의 결정으로, 이탈리아에 대한 캄피오네의 충성을 강조하기 위해 접미사 디탈리아d'Italia를 붙인 것입니다.

캄피오네디탈리아는 제2차 세계대전 동안 이탈리아의 나머지 지역과 분리되었고 거의 스위스의 주로서 기능했습니다. 결과적으로 이탈리아의 나머지 지역과 달리 이 작은 마을은 제2차 세계대전 동안 독일에 점령되지 않았고, 전후 연합군에 점령되지도 않았습니다.

캄피오네디탈리아로부터 북동쪽으로 약 200km 떨어진 곳에 스위스와 긴밀하게 결속된 또 다른 이탈리아 마을인 리비뇨Livigno(롬바르디아에 살고 있다는 뜻)가 있습니다. 이 마을은 스위스 인Inn강의 지류가 지나는 곳에 위치해 지리적으로 이탈리아가 아닌 스위스에 속합니다. 이 때문인지 리비뇨 마을로 들어

리비뇨의 스키 리조트

가는 세 개의 길 중 두 개가 스위스와 연결되어 있습니다. 리비뇨에서 스위스와의 국경까지는 직선 거리로 5km입니다. 알프스 산지에 둘러싸인 리비뇨 마을은 겨울철 휴양지로 인기 있는 곳입니다. 1975년 동계 유니버시아드 대회가 열렸으며, 2026년 동계 올림픽 스키 경기가 펼쳐질 곳이기도 합니다. 한편, 알프스 산지로 둘러싸인 척박한 환경 때문에 오랫동안 빈곤에 시달린 이곳은 19세기 면세 지역으로 지정되었습니다. 이탈리아는 물론 유럽연합의 부가세도 부과되지 않기 때문에 물가가 저렴해 주변 지역에서 물건을 사기 위해 방문하는 사람이 많다고 합니다.

10

스위스 영토 내 유럽연합에 속하지 않는 독일의 뷔징겐암호흐라인

독일의 뷔징겐암호흐라인Büsingen am Hochrhein은 북쪽의 스위스 영토 샤프하우젠주와 라인강 남쪽의 스위스 영토 투르가우주와 취리히주에 완전히 둘러싸여 있는 독일의 도시입니다. 뷔징겐암호흐라인은 간단히 뷔징겐이라 부르기도 합니다. 뷔징겐은 면적이 약 7.5km²이며, 인구는 약 1,500명 정도입니다. 뷔징겐은 불과 700m를 사이에 두고 독일 본토와 분리되어 있습니다.

뷔징겐은 14세기 중반 이후 오스트리아가 지배하던 곳이었습니다. 17세기 샤프하우젠과 오스트리아 간의 갈등이 뷔징겐이 샤프하우젠에 의해 둘러싸인 오스트리아 영토가 되는 결과를 초래했습니다. 이후 19세기 초 독일이 이 지역을 차지하면서 지금까지 독일의 영토로 남아 있습니다.

제1차 세계대전 이후 뷔징겐에서 주민투표가 실시되었습니다. 그 결과는 뷔징겐 주민의 96%가 스위스에 남고 싶어 했습니다. 그러나 스위스는 이 요구를 받아들일 수 없었습니다. 왜냐하면 스위스는 독일로부터 뷔징겐을 얻는 대신 그 대가로 교환할 수 있는 적절한 영토가 없었기 때문입니다. 뷔징겐 주민들

뷔징겐 전경

뷔징겐 위치. 독일의 월경지 뷔징겐은 스위스에 완전히 둘러싸여 있습니다.

은 그 후 20년 동안 몇 번 더 그러한 바람을 표출했지만, 그 결과는 항상 같았습니다.

제2차 세계대전 동안 스위스 경찰은 독일 군인들이 뷔징겐 영토 내에서 무기를 소지하는 것을 허용하지 않았습니다. 제2차 세계대전 이후 일시적으로 연합

2장 민족적·역사적 배경으로 생긴 국경

73

스위스(왼쪽)와 독일(오른쪽)에서 제공하
는 뷔징겐의 통신 서비스(출처: 위키미
디어)

군(정확하게 말하면 프랑스)이 뷔징겐을 점령했지만, 스위스가 무기 소지를 승
인한 것은 단 한 번뿐이었습니다.

　뷔징겐의 지리적 위치는 몇몇 특이한 상황을 초래했습니다. 우선 독일(당시
서독)이 유럽연합의 설립 국가 중 하나였음에도 불구하고 독일의 월경지 뷔징
겐은 유럽연합에 속하지 않습니다. 뷔징겐은 1967년 별도로 스위스와 관세 동
맹을 체결해 스위스 관세 지역에 속하게 되었습니다. 또 뷔징겐에서 유로를 지
불할 수 있지만, 널리 사용되는 통화는 주민들에게 인기 있는 스위스 프랑입니
다. 왜냐하면 뷔징겐 주민 대부분이 주변 스위스 도시에서 일하며 스위스 프랑
으로 봉급을 받기 때문입니다. 뷔징겐은 정치적으로는 독일에 속하지만, 경제
적으로는 스위스의 일부분입니다.

세상에 이런 국경

뷔징겐에서의 경찰 서비스는 스위스와 독일 각각의 경찰관 수를 명확히 정해서 양쪽으로부터 제공됩니다. 범죄자가 스위스 경찰에 잡힌다면 스위스 사법부, 독일 경찰에 잡힌다면 독일 사법부의 재판을 받게 됩니다. 뷔징겐에서는 아이들이 초등학교를 졸업하면 부모들이 그들의 자녀가 스위스 학교에서 교육을 받을 것인지, 독일 학교에서 교육을 받을 것인지를 결정할 수 있습니다. 우편과 통신 서비스는 스위스와 독일 회사 모두 제공하며 주민들은 자신이 원하는 대로 스위스나 독일의 번호를 받을 수 있습니다.

뷔징겐은 영토적으로는 자동차 번호판이 'KN'으로 표시되는 독일의 콘스탄츠Konstanz에 속합니다. 그러나 뷔징겐에서는 'BÜS'라는 표시가 있는 자체 번호판을 사용합니다. 이런 차는 스위스의 차로 간주되어 스위스 세관의 통제를 용이하게 합니다. 그러나 뷔징겐 대부분의 주민들은 스위스 샤프하우젠주에 등록된 차를 가지고 있습니다. BÜS라는 표시가 장착된 자동차 번호판은 독일에서 가장 희귀한 번호판이며 수백 대의 차량에서만 볼 수 있다고 합니다. 그리고 마지막으로 이곳의 스포츠는 더욱 독특합니다. 뷔징겐 지역 축구 클럽은 스위스 리그에서 경쟁하는 유일한 독일 클럽입니다.

11
집의 국적이 현관문 위치에 따라 결정되는 바를러

바를러Baarle는 네덜란드 남부에 있는 도시로 벨기에와 국경을 접하고 있습니다. 네덜란드와 벨기에의 국경은 바를러의 남쪽을 지나지만 바를러는 독특하게도 네덜란드와 벨기에에 나뉘어 속하며 세계에서 가장 복잡한 국경을 만들고 있습니다. 네덜란드에 속하는 곳은 바를러나사우Baarle-Nassau라고 하며, 벨기에에 속하는 곳은 바를러헤르토흐Baarle-Hertog라고 부릅니다. 네덜란드 바를러나사우 안에는 20개 이상의 벨기에 월경지 바를러헤르토흐가 있으며, 그 안에는 약 10개의 네덜란드 월경지가 있습니다. 국경선이 도로를 여러 번 교차하기도 하고, 어떤 집들은 국경선상에 위치하기도 합니다.

이렇게 국경선이 복잡하게 된 까닭은 영토의 분할, 계약, 교환의 결과입니다. 이는 대부분 중세 시대에 뿌리를 두고 있습니다. 중세 시대부터 수많은 백작과 공작들이 땅을 사고팔면서 주민들의 국적이 바뀌고 뒤섞였는데, 1884년 양국 간 조약이 체결되면서 주민들의 국적대로 국경을 정하게 되었습니다. 영토에 거주하는 사람들이 국민이 된 게 아니고 사람들의 국적에 따라 영토를 정하고

세상에 이런 국경

네덜란드(바를러나사우)
벨기에(바를러헤르토흐)

네덜란드 바를러나사우와 벨기에 바를러헤르토흐의 복잡한 국경

국경선을 그은 것입니다. 이렇게 영토 분할은 대개 19세기 중반에 확정되었지만, 국경은 1995년까지 완전히 규정되지 않았습니다. 1995년이 되어서야 면적 약 2,600㎡의 가장 작고 사람이 살지 않는 농경지인 벨기에의 월경지가 마지막으로 설정되었습니다.

그런데 문제는 1884년을 기준으로 정했기 때문에 100년이 훨씬 지난 지금에 와서는 벨기에와 네덜란드 국경선이 지나는 곳에 만들어진 집이 한둘이 아니었습니다. 이렇게 되자 양국 정부는 세금을 거두는 방식을 두고 애를 먹게 되었는데, 결국 현관문이 어느 나라 영토에 있는지를 기준으로 잡았다고 합니다. 두 나라, 참 유쾌하죠? 역사를 통틀어 네덜란드와 벨기에의 많은 세율의 변화에 따라 건물 주인들이 세금을 덜 낼 수 있도록 현관문을 옮기는 것은 드문 일이 아니었습니다. 이와는 조금 상황이 다르지만, 일제 강점기 우리나라 상가는 현관문의 크기에 따라 세금을 부과했습니다. 그래서 현관문은 작고 안으로 길쭉하게 들어가면서 공간이 넓어지는 상가가 많았습니다.

바를러의 면적은 약 76km²로 꽤 넓습니다. 벨기에의 월경지 규모가 0.002km²에서 약 1.53km²에 이르는 반면, 네덜란드 월경지는 0.0028km²에서 0.05km²가 조금 넘는 것까지 있습니다. 국경선이 복잡하기는 했지만 서로 적대적인 것도 아니고 큰 불편도 없어서 그동안은 별다른 조치 없이 살아왔지만 두 나라는 그래도 국경선이 불분명하다는 것이 마음에 걸렸던 모양입니다. 이곳에 방문하는 많은 관광객을 위해서라도 네덜란드와 벨기에 정부는 GPS 등 새로운 기술의 등장에 힘입어 이 지역에 제대로 국경선을 그려 넣기로 했습니다. 복잡한 국경선을 더 명확하게 하기 위해 경계선을 도로에 표시했고, 시내 곳곳에는 국경선 타일을 깔았습니다. 또한 네덜란드와 벨기에의 주택번호가 다르기 때문에 국경선이 지나는 집은 주택번호 옆에 네덜란드 또는 벨기에 국기를 그려 넣었습니다.

국경을 그리다 보니 어느 나라에 속하는 집인지 구분이 애매한 경우도 생겼습니다. 국경선이 현관문을 직통하는 경우도 있습니다. 그리하여 양쪽으로 벨도 두 개, 주소도 두 개인 집도 있습니다. 1995년 정확하게 국경이 그려지기 전에 자신이 벨기에에 사는 줄 알던 벨기에인은 국경이 그려지고 나니 집 현관문이 네덜란드 땅에 있는 것을 발견했습니다. 원래대로라면 집 주소를 네덜란드식으로 바꾸고 세금도 네덜란드에 내야 하지만, 복잡한 서류 과정을 거치기 귀찮았던 집 주인은 현관문을 없애고 벨기에 쪽에 새로 현관문을 만들어 버리기도 했습니다.

바를러의 국경은 솅겐 조약에 따라 완전히 개방되어 있습니다. 그래서 어떤 집은 벨기에에서 일어나서 네덜란드에서 아침밥을 먹기도 합니다. 그리고 국경선이 레스토랑이나 커피숍을 지나는 경우에는 두 나라 사이에서 커피를 마시기도 하며, 두 나라 사이에 주차를 하기도 합니다.

바닥 타일에 국경선을 표시하고 국가를 표기합니다. 때로는 국경선이 건물을 통과하기도 합니다.

그러나 한 국가에서는 허용되지만 다른 국가에서는 금지되는 것들에 대해 알아 두어야 합니다. 예를 들면 벨기에 바를러헤르토흐에는 불꽃놀이 용품을 파는 가게들이 많이 있지만, 네덜란드에서는 불꽃놀이 용품을 자유롭게 판매할 수 없습니다. 네덜란드인들은 국경일 전날에 불꽃놀이를 하는데, 많은 네덜란드인이 불꽃놀이 용품을 사기 위해 국경을 넘습니다. 또 다른 흥미로운 관행은 과거에 비교적 흔했던 것입니다. 레스토랑 폐점 시간이 벨기에보다 네덜란드에서 더 빨랐습니다. 그리하여 국경이 지나는 레스토랑에서는 네덜란드의 폐점 시간이 되면 벨기에 쪽으로 자리를 옮기고 그곳에서 식사를 계속했다고 합니다.

최근에는 두 나라의 코로나19 방역수칙이 달라 웃지 못할 상황이 벌어지기도 했습니다. 네덜란드보다 엄격한 방역수칙을 실시하던 벨기에의 상점들은 모두

문을 닫았지만 바로 옆의 네덜란드 상점들은 영업을 하는 일이 일어났습니다. 벨기에 주민들은 바로 앞의 네덜란드 상점이 문을 열어도 갈 수가 없었지요. 또 벨기에는 대중교통에서 마스크를 착용하도록 했지만, 네덜란드에서는 공공장소에서 얼굴을 가리는 것을 금지하고 있기 때문에 벨기에 쪽에서 버스를 탈 때는 마스크를 착용하고 네덜란드에서는 벗어야 했지요. 그러나 일반적인 상황이라면 바를러에서의 생활은 큰 불편이 없다고 합니다. 이동의 제약도 없고 유로를 사용하며 언어도 비슷하기 때문이죠.

12

이중월경지: 아랍에미리트 안의 오만,
그 안의 아랍에미리트

1) 아라비아반도의 국경지대

역사적으로 두 국가를 나누는 것은 하나의 선으로서 존재하는 국경선이라기보다는 면으로 존재하는 국경지대였습니다. 국경지대는 어느 국가도 완전하게 정치적 통제권을 행사하지 못하는 지대를 말합니다. 국경지대는 실제로 존재하는 지리적 영역인 반면, 국경선은 무한히 가늘고 보이지 않는 상상의 선입니다. 국경지대는 양쪽을 분리하는 영역이지만 동시에 완충지대의 역할을 하기도 합니다. 반면 국경선은 인접국을 직접 대면하면서 적대심의 잠재성을 키우게 됩니다. 국경지대는 사람이 살지 않거나 소수만이 거주하는 인구 희박 지역입니다. 일반적으로 국경지대는 점차 국경선으로 대체되고 있습니다. 오늘날 발전된 과학기술 덕분에 예전에는 접근이 불가능했던 위치의 국경선조차 효과적으로 감시하고 수비할 수 있게 되었습니다.

아라비아반도는 서남아시아의 거대한 반도입니다. 흔히 중동이라고 불리는 곳이기도 하죠. 이곳은 석유와 천연가스가 풍부합니다. 아라비아반도의 많은

아라비아반도의 국경지대. 사우디아라비아는 국경선이 아닌 국경지대로 인접국과 분리되어 있습니다. 20세기 후반, 이들 국경지대는 국경선으로 전환되었으나 사우디아라비아와 예멘, 아랍에미리트 연합 사이에는 국경지대가 여전히 남아 있습니다.

부분은 사막이 차지하고 있습니다. 그리하여 아라비아반도 내 국가 간의 국경은 아직 명확하게 규정되어 있지 않습니다. 특히 사우디아라비아와 남쪽 및 남동쪽 이웃 국가들인 예멘, 오만, 아랍에미리트 간의 국경에서 그러합니다.

20세기 후반, 사우디아라비아는 인접국 사이의 국경지대를 국경선으로 바꾸었습니다. 사우디아라비아는 1965년 쿠웨이트와의 중립지대였던 다이아몬드 모양의 국경지대를 영토로 삼았으며, 1981년에는 이라크와의 중립지대였던 국경지대를 사우디아라비아에 포함시켰습니다. 사우디아라비아는 1990년 오만과의 국경지대를, 2000년대에는 예멘과의 국경지대를 국경선으로 전환했습니다. 세 경우 모두 사우디아라비아는 국경지대의 물, 석유, 방목지 등의 자원을 인접국과 공유하기로 하였고, 유목민이 자유롭게 국경지대를 왕래할 수 있도록

세상에 이런 국경

허용하는 데도 동의했습니다.

2) 오만의 월경지 마다와 아랍에미리트의 월경지 나화

아랍에미리트 영토에는 오만의 월경지인 마다Madha라는 작은 도시가 있습니다. 그리고 오만의 월경지 마다에는 아랍에미리트의 월경지인 나화Nahwa라는 마을이 있습니다. 나화는 이중월경지dual enclave 또는 counter enclave입니다. 월경지 속 월경지, 섬 속의 섬인 셈이지요.

왜 이러한 월경지가 만들어진 것일까요? 오만의 월경지 마다에 아랍에미리트의 이중월경지 나화가 있는 특이한 상황은 제1차 세계대전과 제2차 세계대전 사이에 지역 부족들의 민주적 결정에 따라 이루어진 것입니다. 그 당시 일부 부족들은 오만에 합병하기로 결정했고, 일부 부족들은 아랍에미리트에 합병하기로 결정했습니다. 이러한 결정을 두 나라 모두 수용하면서 현재와 같은 국경선을 갖게 되었습니다. 이들 월경지에 사는 주민들은 스스로 국적을 선택한 것입

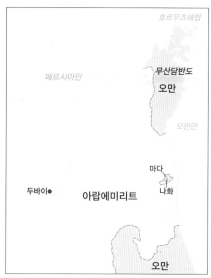

마다와 나화, 무산담반도 위치

니다.

마다의 면적은 약 75km²이며 3,000명 정도의 주민들이 살고 있는 꽤 큰 월경지입니다. 마다의 대부분은 월경지 동쪽 지역에 있는 신마다New Madha로 알려진 같은 이름의 작은 도시와 뿔뿔히 흩어져 있는 몇몇 작은 마을을 제외하면 사람이 살지 않는 비거주지입니다. 마다에는 경찰, 학교, 은행, 발전소, 상수도, 심지어 공항을 포함한 일상생활을 위해 필요한 모든 것을 갖추고 있습니다.

신마다로부터 구불구불한 좁은 도로를 따라 서쪽으로 10km 정도 떨어진 곳에 아랍에미리트의 월경지 나화가 있습니다. 나화는 두 개의 작은 마을로 구성되어 있습니다. 신나화New Nahwa는 약 40여 채의 집, 경찰서, 병원을 비롯해 잘 정돈된 거리가 있는 부유한 마을입니다. 반면 구나화Old Nahwa는 낙후되어 있으며, 도로도 포장되어 있지 않습니다.

3) 오만의 유사월경지, 무산담반도

이들 두 월경지 북쪽에 아랍에미리트와 오만만에 의해 본토와 분리된 오만의 유사월경지가 있습니다. 바로 무산담반도Musandam Peninsula입니다. 무산담반도는 아라비아판과 유라시아판이 충돌하면서 솟은 험준한 산지로 이루어져 있습니다. 또 무산담반도의 북쪽 해안은 대체로 만곡을 이루는 아라비아반도의 해안선과 달리 복잡한 해안선이 나타나는데, 이것과 험준한 산지가 어우러지는 풍경이 마치 북유럽의 피오르와 같이 아름답다고 해 '중동의 노르웨이'라는 별명을 가지고 있기도 합니다.

도로가 발달하기 어려운 지형 탓에 무산담반도의 해안 마을은 육로로 접근이 어렵고 배를 이용해야 합니다. 이처럼 본토와 교류가 쉽지 않기 때문에 무산담반도에는 아라비아반도에서 유일하게 페르시아계 언어인 쿰자리Kumzari어를 사용하는 마을이 있습니다.

'중동의 노르웨이'라 불리는 무산담 해안

지역에서 루스 알 지발Ruus Al Jibal이라고 불리는 무산담반도는 인구가 3만 명 정도 거주하는 면적 1,800km^2 정도의 작은 크기이지만 석유와 천연가스의 세계 최대 생산지인 페르시아만이 인도양으로 연결되는 출입구인 호르무즈 해협의 한쪽을 차지하고 있기 때문에 지정학적 가치가 엄청난 땅입니다. 무산담 반도는 지정학적 중요성에 더해 석유 및 천연가스 등의 부존자원과 독특한 지형을 바탕으로 한 관광자원으로서의 잠재력까지 지닌 오만의 복덩이입니다.

13

안식을 얻지 못한 술레이만 샤의 무덤

무덤 한 기가 월경지가 된다면 믿을 수 있겠습니까? 다른 목적 없이 순전히 역사적 중요성 때문에 월경지가 된 경우가 있습니다. 시리아에 있는 튀르키예의 월경지 술레이만 샤Suleyman Shah의 무덤이 바로 그것입니다.

도대체 술레이만 샤가 누구길래 그의 무덤 때문에 월경지가 되었을까요? 술레이만 샤는 튀르키예 역사에서 매우 중요한 인물입니다. 그는 역사상 가장 위대한 권력을 지닌 왕 중의 한 명이자 오스만 제국의 창시자인 오스만 1세의 할아버지였습니다. 한 전설에 따르면 술레이만 샤는 유프라테스강에서 익사한 것으로 전해집니다. 일부 학자들은 전설 속 인물이 훗날 오스만 제국에 통합된 또 다른 튀르키예 국가의 창시자라는 이야기도 있습니다. 어찌 되었든 튀르키예인들은 선조의 무덤이 유프라테스강 유역에 있다고 믿습니다.

술레이만 샤의 무덤은 현재 튀르키예-시리아 국경으로부터 남쪽으로 약 100km 떨어진 유프라테스강 변의 요새화된 칼랏자바르Qal'at Ja'bar 성 근처에 있었습니다. 튀르키예와 프랑스의 식민지였던 시리아 간의 국경은 1921년 튀

튀르키예

o가지안테프

술레이만 샤의 세 번째 무덤

코바니

술레이만 샤의 두 번째 무덤

o이들리브

시리아

아사드호 술레이만 샤의 첫 번째 무덤

o락까

유프라테스강

술레이만 샤의 무덤 위치 이동

르키예와 프랑스 간의 평화조약에 의해 설정되었습니다. 이 협정은 술레이만 샤의 무덤이 있는 칼랏자바르 성 일대를 최소한의 튀르키예군이 감시하는 것과 함께 튀르키예의 땅임을 명문화했습니다.

튀르키예는 물론이고 시리아도 이러한 결정에 별다른 이의를 제기하지 않고

술레이만 샤의 무덤이 있던 칼랏자바르 성. 현재는 아사드호에 대부분이 잠겨 섬의 윗부분만 확인할 수 있습니다. (출처: 위키미디어)

새롭게 조성 중인 술레이만 샤의 무덤

지내왔습니다. 1973년 칼랏자바르 성 인근에 댐을 건설하면서 생겨난 아사드
호lake Assad로 인해 술레이만 샤의 무덤은 침수될 위기에 처하게 되었습니다.
약간의 정치적 충돌이 있었으나 튀르키예와 시리아는 술레이만 샤의 무덤이 침
수되지 않도록 이 월경지를 70km 상류, 튀르키예–시리아 국경으로부터 30km
떨어진 곳으로 이전하는 데 합의했습니다. 사실 이때 왜 튀르키예와 시리아가
술레이만 샤의 무덤을 튀르키예 본토로 옮기지 않았는지 의문입니다. 어찌 되
었든 2015년 초반, 시리아에서 분쟁이 확대될 때까지 술레이만 샤의 무덤은 유
프라테스강 유역의 작은 반도에 있었습니다.

 2015년 2월, 시리아에서 영향력을 키워 가던 무장단체 이슬람 국가Islamic
State: IS가 술레이만 샤의 무덤 근처까지 진출하면서 무덤은 물론이고 이를 지
키던 군인들까지 위협을 받게 되었습니다. 이에 튀르키예는 군사 작전을 펼쳐
IS가 술레이만 샤의 무덤을 악용하지 못하도록 파괴하고, 유해를 튀르키예로
이송해 왔습니다. 튀르키예는 술레이만 샤의 무덤을 튀르키예 국경에서 지켜

세상에 이런 국경

볼 수 있도록 튀르키예-시리아 국경에서 불과 500m 떨어진 시리아의 코바니 Kobani시 인근에 새롭게 만들었습니다. 튀르키예는 술레이만 샤의 새로운 무덤 은 일시적으로 옮긴 것이며, 시리아의 상황이 안정화되면 이전의 위치로 돌아 갈 것이라고 강조하고 있습니다.

14

독일 속 오스트리아의 작은 마을, 융홀츠

융홀츠Jungholz는 알프스 산지에 있는 작은 마을로, 경치가 기가 막힙니다. 산 중턱의 양들이 평화롭게 풀을 뜯고 있는 사이로 사람들은 하이킹을 떠납니다. 집 한 채 한 채가 모두 그림 그 자체입니다. 모든 집은 활짝 핀 꽃들로 장식되어 있습니다. 넉넉한 규모의 집들은 어려서 읽은 『알프스 소녀 하이디』의 주인공이 살 법한 바로 그곳입니다.

사실 융홀츠는 경치가 아닌 다른 이유로 특별한 곳입니다. 분명 오스트리아 땅인데 오스트리아와 연결된 길은 없습니다. 그 말은 오스트리아에서는 이 마을로 직접 갈 수 없다는 뜻이지요. 융홀츠는 오스트리아 티롤주에 있는 마을입니다. 융홀츠는 해발 1,000m가 조금 넘는 곳에 있고 산 정상 한 점만 오스트리아와 맞닿아 있을 뿐, 역삼각형 모양의 땅 세면이 모두 독일과 국경을 마주하고 있습니다. 그 한 점은 해발고도 1,600m가 넘는 조르그슈로펜Sorgschrofen산의 정상입니다. 융홀츠의 면적은 불과 7km² 정도밖에 되지 않습니다. 인구는 300명 내외이며, 마을 끝에서 2~3분만 운전하면 독일 땅입니다. 물론 오스트리아

융홀츠 전경

독일

오스트리아

독일

융홀츠

오스트리아

융홀츠 위치

본토로 가기 위해서는 반드시 독일을 지나야만 합니다.

　이 지역은 원래 독일인이 소유하고 있었지만 14세기 중반 오스트리아인에게

이곳을 팔면서 오스트리아 땅이 되었습니다. 이후 1844년 바이에른과 오스트

뱅크하우스 융홀츠
(Bankhaus Jungholz)

리아가 국경 조약을 맺으면서 융홀츠는 오스트리아에 포함되었습니다. 1868년
에는 관세 조약을 맺어 융홀츠는 경제적으로 바이에른과, 뒤이은 독일과 긴밀
하게 연결되었습니다.

융홀츠에서의 생활은 여러 면에서 독일과 밀접한 관계를 맺고 있습니다. 유
로를 쓰기 이전에는 오스트리아의 실링이 아닌 독일의 마르크를 사용했으며,
셍겐 조약 이전에는 국경을 통과할 때마다 독일 세관의 검사를 받아야 했습니
다. 융홀츠에서는 오스트리아와 독일의 우편번호와 전화 지역번호가 동등하게
사용됩니다. 21세기 초 오스트리아는 융홀츠에서 독일의 우편번호를 폐지하고
자 했습니다. 그러나 융홀츠 주민들의 반대에 부딪혀 그만두었습니다. 융홀츠
에는 병원이 없어서 주민들이 진료를 받으려면 독일로 가야합니다. 마찬가지로
초등학교 이상의 학교가 없어 학업을 위해서는 독일로 통학해야 합니다.

융홀츠가 세계적으로 유명한 이유는 이상한 국경 이외에 또 다른 특별한 점
이 있기 때문입니다. 흥미롭게도 주민들이 살아가는 데 꼭 필요한 병원은 없지
만 오스트리아에서 가장 큰 은행 세 곳의 지점이 있습니다. 이 지점들은 모두 프
랑크푸르트 주식시장에 등록된 건실한 은행들입니다. 물론 이 은행들은 독일
연합은행법의 규정을 따르지만, 오스트리아 땅에 있기 때문에 오스트리아 은행
법이 우선합니다. 그런데 오스트리아 은행법에서는 예금주가 사망해도 독일 법

클라인발저탈의 겨울 풍경

원에 보고할 의무가 없기 때문에 독일의 부자들이 상속세를 탈루하기 위해 이 은행들을 이용합니다. 계좌에 부모와 자녀들의 이름을 올려놓고 부모가 사망한 뒤 자녀들이 예금을 인출해 가는 방식입니다. 심지어 예금주의 이름도 묻지 않고 지문만으로도 거래가 가능하다고 합니다. 따라서 이 조그만 산동네가 인구 1인당 은행 수와 예금 유치액에서 전 세계 1등이라고 합니다. 케이맨 제도 스위스은행도 융홀츠를 따라가지 못한다고 하니 그 규모의 엄청남이 새삼 실감이 납니다. 어떻게 보면 융홀츠는 뉴욕이나 런던 부럽지 않은 세계 금융 중심지라고 할 수도 있겠습니다. 그뿐만 아니라 아름다운 알프스를 구경할 수도 있으니 금상첨화가 아닐까요?

융홀츠와 관련한 또 하나 흥미로운 사실이 있습니다. 이 지역은 세계에서 보기 드문 4개의 국경이 만나는 하나의 점인 사합점(사분점)이 있는 곳 중의 하나입니다. 이 사합점에서는 두 개의 오스트리아 국경선과 두 개의 독일 국경선이 만납니다. 이는 때때로 두 국가의 사분점binational quadripoint 또는 경계 교차점 boundary cross이라고 불립니다. 국가 간 사분점은 아주 드물게 나타납니다. 논란의 여지가 있지만 잠베지강에서 잠비아, 나미비아, 보츠와나, 짐바브웨가 만나는 사분점이 있으며, 앞서 살펴본 네덜란드-벨기에의 바를러에도 사분점이 있습니다.

독일과의 경제적 결속에 관한 융홀츠와 유사한 상황이 최근까지 오스트리아 가장 서쪽 포어아를베르크Vorarlberg에 위치한 계곡인 클라인발저탈Kleinwalsertal 인근의 세 마을에서 있었습니다. 이 계곡은 지형 특성상 거의 완전히 오스트리아의 나머지 지역과 단절됩니다. 왜냐하면 그곳에 이르는 유일한 방법이 독일을 통과해야 하는 것이기 때문입니다. 이러한 이유로 클라인발저탈은 19세기 전반에 특별한 경제적 지위를 부여받았습니다. 면세 지역이었고, 독일 세관의 통제를 받았으며, 마르크화를 사용했습니다. 이는 오스트리아가 유로를 받아들이고, 솅겐 조약에 가입할 때까지 계속되었습니다.

15

새해를 두 번 기념하는 핀란드와 스웨덴의 합병 도시, 토르니오와 하파란다

　토르네엘벤강Torneälven River은 스웨덴 북부에서 발원하며, 이 강의 중류에서 보트니아만의 하구까지 스웨덴과 핀란드의 국경을 이룹니다. 이 강의 하구에 위치한 핀란드의 토르니오Tornio와 스웨덴의 하파란다Haparanda는 지난 50년 동안 국경을 완전히 개방해 왔는데, 이는 두 도시의 합병으로 이어졌습니다. 스웨덴과 핀란드의 유럽연합 가입과 이후 두 국가가 솅겐 조약에 서명함으로써

핀란드 도시 토르니오와 스웨덴 도시
하파란다 위치

스웨덴과 핀란드의 국경이 지나는 토르네엘벤강의 철교

합병은 더욱 탄력을 받았습니다.

토르니오는 17세기 스웨덴이 토르네엘벤강 하구에 있는 토르니오섬에 세운 도시입니다. 그 당시 핀란드는 스웨덴에 속했고 토르니오는 중요한 무역 도시였으며, 상당히 부유했습니다. 토르니오 주민들은 대부분 스웨덴어를 사용했습니다. 그러나 토르니오 주변 마을에서는 핀란드어가 더 많이 사용되었습니다.

18세기 들어 무역이 점차 쇠퇴하고 빙하가 후퇴함에 따라 강이 얕아져 배가 다니기도 여의치 않아졌습니다. 쇠퇴해 가던 토르니오는 스웨덴–러시아 전쟁에서 스웨덴이 패하면서 러시아에 할양되었습니다. 그후 토르니오는 북극 수비대로서 미미한 역할을 했고, 경제 침체가 오랫동안 지속되었습니다. 제1차 세계대전의 혼란을 틈타 핀란드는 러시아로부터 독립했고 토르니오도 핀란드에 속하게 되었습니다. 한편 스웨덴은 토르니오가 러시아에 넘어가자 자신의 영토인 강 건너 하파란다를 개발하기 시작했습니다. 토르니오에 살던 많은 사람이 이웃 하파란다로 이주하기도 했습니다. 제2차 세계대전 이후에는 두 도시 모두 안정되며 빠르게 발전했습니다.

토르니오와 하파란다는 역사적으로 밀접할 뿐 아니라 경제적, 사회적으로 긴밀한 협력 관계를 맺고 있습니다. 1987년에는 Provincia Bothniensis라는 협력 기구를 설립해 두 도시 간 국경을 초월한 협력과 발전을 꾀하고 있습니다. 특히 2000년 즈음에는 두 도시의 경계에 유로시티Euro City라는 이름의 통합 도심을 건설하기 시작했습니다. 후에 이 명칭은 각각 토르니오-하파란다, 하파란다-토르니오로 바뀌었습니다. 통합 도심 중심에 있는 빅토리아 광장은 스웨덴 왕세자의 이름을 따서 지어졌으며, 국경선 위에 건설되었습니다. 2011년 왕세자가 광장을 직접 개장함으로써 두 도시는 물론 양국의 협력을 다시 한 번 확인했지요.

흥미로운 사실은 스웨덴이 핀란드보다 한 시간 빠른 시간대를 사용한다는 것입니다. 이로 인해 '토르니오-하파란다'의 거리와 광장에서는 새해를 기념하는 두 번의 새해 전야 기념식이 열리며, 이것은 하나의 관광 상품이 되었습니다. 그뿐만 아니라 국경에 걸쳐 있는 골프장이 또 하나의 매력입니다. 스웨덴에서 핀란드 방향으로 공을 치면 공은 '한 시간'이나 공중에 떠 있다가 땅에 떨어집니다.

16
에스파냐 출신의 주교와 프랑스 대통령이 통치하는 안도라

　세계의 국가들은 다양한 형태의 정부에 따라 분류할 수 있습니다. 가장 일반적으로 공화제 또는 군주제로 분류됩니다. 공화제는 누가 가장 권위를 가지느냐에 따라 대통령제, 내각책임제(의원내각제), 대통령제와 내각책임제의 혼합으로 세분됩니다. 군주제는 통치자의 칭호에 따라 대개 세습적인 제국empire(현재, 일본의 통치자만이 황제Emperor라는 칭호를 가지고 있습니다), 왕국kingdom, 공국principality, 술탄국sultanate, 토호국emirate, 공작지duchy 등으로 구분할 수 있습니다. 군주제는 통치자가 모든 권력을 가지고 있을 수도 있고, 국가 헌법에 의해 군주제와 의회 관계가 규정되어 입헌적인 성격을 띨 수도 있습니다.

　안도라는 육지로 둘러싸인 나라이며, 프랑스와 에스파냐 사이의 피레네산맥의 높은 곳에 위치해 있습니다. 안도라의 평균 해발고도는 약 2,000m이며, 수도 안도라라베야의 해발고도는 1,023m로 유럽 수도 중에서 가장 높은 곳에 위치합니다. 안도라인들은 민족적으로 카탈루냐인들이며, 따라서 현재 안도라는 유일한 독립 카탈루냐 국가입니다.

툴루즈○

프랑스

안도라
●
안도라라베야

에스파냐

바르셀로나

안도라 공국 위치

피레네산맥에 둘러싸인 안도라의 수도 안도라라베야

    전설에 따르면, 안도라 공국은 프랑스 황제 샤를마뉴가 에스파냐에서 아랍계 무어인과의 전쟁에 안도라인이 참전한 것에 대한 보상으로 이 지역을 그들에게 준 것에서 시작합니다. 10세기 말에 이 지역에 대한 권한은 카탈루냐 도시 우르헬Urgell의 가톨릭 주교에게 주어졌습니다. 한 세기 정도 시간이 흐른 후에 우르헬 백작은 안도라 지역을 되찾고 싶어했습니다. 그래서 우르헬 주교는 이 지역의 영주인 프랑스의 카보에Caboet 가문과 공동 주권에 서명했습니다. 이후 혼인 동맹을 거쳐 카보에 가문의 주권은 프랑스 푸아Foix 가문에 넘어 갔습니다. 13세

2장 민족적·역사적 배경으로 생긴 국경

99

기 후반 안도라 주교와 푸아 백작은 안도라를 공동 통치하는 공국이 되는 데 합의했습니다. 시간이 지나 푸아 백작의 통치권은 프랑스 왕에게 넘어 갔고, 오늘날에는 프랑스 대통령에게 있습니다.

따라서 현재 안도라는 비안도라인인 두 군주에 의해 통치됩니다. 그중 한 명은 종교적 인물(교황이 지명한 우르헬의 주교)이며, 다른 한 명은 이웃 국가의 국민들이 투표로 선출한 사람입니다. 이처럼 한 국가가 두 군주에 의해 통치되는 시스템을 양두정치diarchy라 부릅니다. 이러한 독특한 정부 형태의 결과로서 선거로 선출된 대통령/비세습적 군주라는 공화정과 군주제의 부분적·개인적 연합personal union*이 안도라에서 나타납니다('부분적'이라는 것은 안도라의 두 통치자 중의 한 명만 또 다른 국가의 대통령이기 때문입니다). 20세기 말, 안도라에 새로운 헌법이 도입되었는데, 공동 군주의 역할을 의례적인 활동으로 축소하는 것을 골자로 합니다.

안도라는 유럽연합의 회원국은 아니지만 유럽연합과 특별한 관계를 맺고 있습니다. 현재는 유로를 사용하지만 과거에는 군주들의 나라인 프랑스의 프랑과 에스파냐의 페세타를 사용했습니다. 안도라는 우표 수집가들 사이에서 가치 있는 우표를 발행하지만, 자체적인 우편 서비스를 가지고 있지 않으며 에스파냐와 프랑스의 우편 서비스를 사용합니다.

안도라는 470km²의 면적을 차지하고 있으며, 약 85,000명의 주민들이 살고 있으며 세계에서 두 번째로 높은 평균수명을 자랑합니다. 피레네산맥에 위치한 덕분에 매년 1,000만 명 이상의 관광객들이 방문하고 있으며, 이는 안도라 공국의 경제에서 중요한 부문을 차지합니다.

---

* 개인적 연합은 한 사람의 통치하에 있는 둘 이상의 독립된 국가의 공동체를 나타냅니다. 그러한 공동체는 국제적 주체성을 유지하고 있는 완전히 독립된 국가들로 구성됩니다. 그들은 공통의 통치자를 가지고 있기 때문에 보통 국가 원수와 관련된 정치적 행위만을 공유하고, 거의 다른 어떤 것도 공유하지 않습니다.

17
세계에서 유일무이하게 남자만 사는 아토스산

아토스Athos는 그리스 북부에 있는 산이자 반도의 이름이며, 더 큰 칼키디키 Chalkidiki반도의 세 개의 '발' 중 하나입니다. 산에는 20개의 그리스 정교회 수도 원이 있기 때문에 오늘날 성 산Holy Mountain으로도 불립니다. 아토스산은 그리스 주권하의 자치주로 약 390km²의 면적을 차지하며, 길이는 60km, 폭은 7~ 12km입니다. 대략 2,000명의 수도자가 그곳에 살고 있습니다.

8세기 말에 처음으로 사제와 수도사가 아토스산에 정착하기 시작했습니다. 아토스산에서 수도원 공동체의 형성은 10세기 후반 그레이트 라브라 수도원 Monastery of Great Lavra의 설립과 함께 시작되었습니다. 뒤이어 차례로 수도원 들이 아토스산의 숲이 우거진 비탈과 해안에 세워졌습니다. 15세기 비잔틴 제 국이 오스만 제국에 멸망한 뒤에도 아토스산은 오스만 제국과 나름 좋은 관계 를 유지하며 16세기까지 번영했습니다. 그러나 오스만 제국은 아토스산의 내 정에 자주 간섭하지는 않았지만 높은 세금을 수도원에 부과했기 때문에 수도원 은 이후 재정적 어려움을 겪었습니다. 이때 러시아 정부의 후원으로 수도원이

그리스

아테네●

카리에스

아토스산
▲

ㅎ 그리스 정교회 수도원

아토스산의 그리스 정교회 수도원

유지될 수 있었지요.

　20세기 초 혼란한 정세 속에서 아토스산의 주권을 놓고 러시아와 그리스 사이에 갈등이 있었습니다. 그러나 제1차 세계대전 이후 아토스산은 그리스의 일부가 되었습니다. 제2차 세계대전과 독일의 그리스 점령 기간 동안 아토스산의 대표자들은 히틀러에게 아토스산을 자치주로 해달라고 요청했고, 히틀러는 이를 승인해 주었습니다. 따라서 아토스산은 전쟁의 영향을 거의 받지 않을 수 있었습니다.

　오늘날의 그리스 헌법에 따르면 아토스산의 수도원은 그리스의 영토이고 20개의 주요 수도원으로 구성되어 있으며, 홀리 커뮤니티Holy Community를 구성합니다. 아토스산의 수도와 행정 중심지는 카리에스Karyes입니다. 그곳에는 그리스 주지사의 집무실이 자리 잡고 있습니다. 성 산에 있는 모든 수도자는 콘스탄티노폴리스 총대주교청Ecumenical Patriarchate of Constantinople의 직접적인 관할권하에 있습니다. 즉 아토스산에 있는 수도자는 정치적으로 그리스에, 종교

아토스산. 사진에 보이는 수도원은 13세기에 지어진 시모노페트라(Simonopetra) 수도원입니다.

적으로는 콘스탄티노폴리스 총대주교청에 속해 있습니다.

아토스산의 권한은 수장인 프로토스Protos와 함께 20개 수도원의 각 대표자와 4명으로 구성된 집행기관Holy Administration에 있습니다. 모든 수도자는 자동으로 그리스 시민권을 받습니다. 일반인도 아토스산에 방문할 수 있지만, 두 가지 기준을 충족해야 합니다. 즉 특별 허가(비자)를 받아야 하고, 여성은 안 됩니다.

거의 모든 생물종의 암컷은 아토스산에 들어가는 것이 금지되어 있습니다. 이 규칙으로부터 제외되는 유일한 암컷은 고양이(쥐를 사냥하기 위한 목적)와 닭(계란을 얻기 위한 목적, 특히 노른자는 도상학의 염료로 이용됨)입니다. 14세기에 세르비아 황제 두샨 1세Dušan the Mighty는 그의 아내인 황후 헬레나Helena를 역병으로부터 보호하기 위해 아토스산에 데려왔습니다. 여성 출입 금지를 존중하기 위해 황후는 아토스산의 흙을 접촉하지 않도록 항상 깔개를 깔고 이동하였습니다. 어떤 여성도 아토스산에 들어가지 못하도록 한 금지가 오늘날 보편적으로 받아들여지는 성 평등의 원칙을 위배하고 있기 때문에 2003년 유럽연합 의회는 이 규칙의 폐지를 요청했습니다. 하지만 아직까지 금녀 정책을 고수하고 있습니다. 따라서 아토스산은 공식적으로 동일한 성별로만 구성된 전 세계에서 유일한 자치주입니다. 그리스가 셍겐 조약에 서명했지만 아토스산의 특수한 지위에 관한 선언서를 제출해 아토스산이 셍겐 조약을 부분적으로만 준수할 수 있도록 하였습니다.

아토스산의 또 다른 진기한 것은 달력과 시간을 지키는 방법입니다. 다른 그리스 정교회 교회들과 국가들(불가리아, 루마니아, 키프로스, 콘스탄티노플 교구 등)과 함께, 그리스와 교회는 두 세계대전 사이에 개정된 그레고리력으로 바꾸었지만, 아토스산의 수도원들은 율리우스력을 사용합니다. 또한 일몰이 0시를 나타내는 오래된 비잔틴 시간을 여전히 사용하고 있습니다. 일년 내내 가변적인 하루의 길이 때문에 비잔틴 시간을 표시하는 시계를 일주일에 한 번씩 수동으로 설정해야 합니다.

3장

식민 통치와 독특한 국경

18
인도와 파키스탄의 국경,
와가에서의 국기 하강식

1) 카슈미르 분쟁: 인도와 파키스탄, 그리고 중국

카슈미르는 인도와 중국, 파키스탄의 경계에 있는 산악지대입니다. 1846년부터 힌두교 정권이 이곳을 지배했지만, 대다수 주민들은 이슬람교도였습니다. 1947년 영국이 인도에서 철수할 때 인도반도는 인도와 파키스탄 두 나라로 분리독립했습니다. 그 이후 종교적 갈등에 기인한 카슈미르 지역의 영토 분쟁으로 두 나라 사이는 악화되었습니다. 이때 카슈미르는 주민 대다수가 이슬람교도여서 파키스탄에 편입되기를 바랐으나 카슈미르의 지도자 하리 싱은 힌두교도였기 때문에 주민들의 바람과는 반대로 인도로 편입할 것을 결정하였습니다. 이에 카슈미르의 이슬람교도들이 폭동을 일으켰고 하리 싱은 인도에 지원 요청을 하였는데, 이로써 제1차 인도–파키스탄 전쟁이 일어나게 되었습니다.

유엔의 중재로 1949년 휴전했으나, 카슈미르는 두 지역으로 분할되어 북부는 아자드카슈미르로 파키스탄령, 남부는 잠무카슈미르로 인도령이 되었습니다. 이는 잠정적인 합의였기 때문에 이후에도 인도와 파키스탄은 카슈미르 접

카슈미르 분쟁

경 지역에서 수차례 충돌하며 지금까지 분쟁이 계속되고 있습니다. 이같이 복
잡한 상황에서 중국이 끼어들었습니다. 인도와 영토 분쟁을 벌이던 중국은
1962년 말 카슈미르의 동쪽을 침공해 아커사이친 지역을 자국 영토로 편입했
습니다. 그리하여 현재 카슈미르는 인도령, 파키스탄령, 중국령 3곳으로 갈라
져 있으며, 분쟁의 위험이 계속되고 있습니다.

2) 삼엄한 국경에서의 국기 하강식

인도와 파키스탄이 카슈미르를 놓고 갈등을 벌이고 있지만 이를 평화적으로
해결하기 위한 노력도 하고 있습니다. 그중 하나가 와가Wagah 국경에서 두 국
가의 국기 하강식입니다. 와가 국경은 파키스탄 펀자브주Punjab 라호르Lahore
에서 24km, 인도 펀자브주 암리차르Amritsar에서 28km 떨어진 곳에 위치해 있
습니다. 양국 군인들이 국경 검문소를 두고 대치한다는 점에서 우리나라의 판

인도와 파키스탄 국경 수비대의 국기 하강식. 왼쪽이 인도 국경 수비대이며, 오른쪽이 파키스탄 국경 수비대입니다.

문점과 유사하지만 분위기는 사뭇 다릅니다. 와가 국경에서는 매일 오후 4시에 인도와 파키스탄 양국이 국기 하강식을 진행합니다. 이는 1959년부터 시작되었으며 양국 군인들의 힘찬 세리머니로 구성되어 있습니다. 국경을 폐쇄하기 전 열리는 국경 수비대의 국기 하강식 행사는 2002년부터 주민과 관광객에게 공개되면서 관광 상품으로 자리 잡았습니다. 팽팽한 긴장감, 자존심 대결 등을 엿볼 수 있으며 분쟁 국가 간에 진행되는 행사라는 점에서 그 문화적 가치를 인정받고 있으며, 매일 수백 명의 관중들이 국기 하강식에 참석합니다. 양국의 국경일 등 중요한 날에는 그 인파가 더욱 늘어나 뜨거운 열기의 행사를 즐길 수 있습니다. 더 많은 군중을 끌기 위해 화려한 볼거리를 갖추려고 양국이 경쟁합니다. 철문을 사이에 두고 파키스탄과 인도가 동시에 의식을 치르는데, 이 의식은 국경에서의 삼엄한 분위기가 아니라 축제를 연상시킵니다. 동시에 두 나라 국민들의 애국심을 느낄 수 있습니다.

양국 국경 수비대의 과장된 몸짓과 양측 관람석을 가득 메운 구경꾼들의 응원 소리가 어우러져 국경지대의 긴장 완화와 관광 산업을 통한 경제 활성화 등의 효과가 나타나고 있습니다. 이 행사는 더는 양국의 갈등을 표현하는 행사가 아닙니다.

이곳에서는 모든 게 경쟁입니다. 인도 대 파키스탄 춤, 인도 대 파키스탄 응원, 인도 대 파키스탄 깃발 들고 달리기, 국경 수비대의 발차기 등 모든 것이 그렇습니다. 절대 질 수 없다는 의지로 똘똘 뭉친 군중의 환호성도 대단합니다. 군중의 흥이 극에 달했을 때, 국경 수비대의 장병들이 등장합니다. 근엄한 표정의 장병들은 당장에 파키스탄을, 인도를 어떻게 해 버리기라도 할 듯 상대방의 국경을 향해 성큼성큼 다가갑니다. 국경에 바짝 다가선 인도 장병은 다리를 180도로 쫙 벌려 파키스탄에 힘찬 앞차기를 선사합니다. 파키스탄 장병도 지지 않습니다. 두고 보자는 표정으로 성큼성큼 다가가 힘차게 킥! 힘찬 앞차기에 관중은 환호합니다.

해가 저물어 하늘이 누르스름해지면 굳게 닫혀 있던 국경의 문이 열리고, 인도와 파키스탄의 국기가 동시에 내려갑니다. 서로 발차기를 해 대던 두 나라의 장병들이 다시 서로를 마주 보고 악수합니다. 다시 국경이 닫힙니다. 군중은 국경 여기저기로 흩어집니다.

19
배가 다닐 수 없는 강으로 연결된 나미비아의 카프리비 스트립

아프리카 남서부에 위치한 나미비아는 아프리카에서도 가장 건조한 지역에 속합니다. 그래서 나미비아는 한반도 면적 네 배에 달하는 국토 대부분이 황무지와 사막으로 이루어져 있습니다. 하지만 삭막한 풍경만 있는 것은 아닙니다. 대표적인 것이 카프리비 스트립Caprivi Strip입니다. 여기서 스트립은 좁고 긴 띠 모양의 땅을 말합니다.

카프리비 스트립은 아래로는 보츠와나, 위로는 앙골라, 잠비아와 국경을 맞대고 있습니다. 나미비아 북동쪽에 돌출된 모습을 한 카프리비 스트립은 야생 동물의 천국입니다. 이곳 중앙에 위치한 브와브와타 국립공원Bwabwata National Park에서는 야생동물이 자유롭게 뛰노는 가장 아프리카다운 풍경이 펼쳐집니다. 독일 식민 지배와 관련되어 있기도 한 카프리비에 대해 살펴보도록 하겠습니다.

한 국가가 원정을 떠나 다른 국가를 정복해 식민 지배를 하는 것은 전 세계 많은 특이한 국경이 존재하게 된 이유입니다. 그중 한 사례가 남부 아프리카 한가운데 위치하고 있습니다.

아프리카 남부 지역은 19세기 말 유럽 열강 영국, 포르투갈, 독일 영토로 각각 분할되었습니다. 간략히 말하면, 영국은 현재의 남아프리카공화국, 보츠와나, 짐바브웨, 잠비아의 영토를 식민 통치했습니다. 포르투갈은 앙골라, 모잠비크를 점령했고, 독일은 나미비아, 탄자니아, 부룬디, 르완다를 식민지화했습니다. 이 시기에 독일과 영국의 관계는 상대적으로 좋았습니다. 그리하여 두 나라는 19세기 말 영국-독일 협정을 체결했습니다. 이 협정으로 영국은 독일에게 카프리비 스트립과 작지만 전략적으로 중요한 북해에 있는 헬골란트섬Heligoland Island을 주었습니다. 반면 독일은 오늘날 탄자니아 앞바다에 있는 자치섬인 잔지바르Zanzibar에 대한 이권을 영국에 넘겨 주었습니다.

카프리비 스트립은 당시 독일의 백작인 게오르그 레오 카프리비Georg Leo von Caprivi의 이름을 따서 지었습니다. 카프리비는 독일의 두 식민지인 독일령 남서아프리카German South West Africa(오늘날의 나미비아)와 독일령 동아프리카German East Africa(오늘날의 탄자니아, 부룬디, 르완다)를 더 효율적으로 연결하고 싶었습니다. 독일의 전략가들은 이를 실현하기 위해서는 나미비아에서 잠베지강에 접근할 수 있다면 최선일 것이라고 믿었습니다. 독일의 선박들은 잠베지강을 타고 내려감으로써 모잠비크와 마다가스카르 사이 인도양의 한 지역인 모잠비크 해협으로 들어갈 수 있고, 그곳에서부터 탄자니아까지 짧은 거리를 만들 수 있었습니다. 영국은 독일에게 길고 좁은 땅을 양도함으로써 나미비아가 잠베지강에 접근할 수 있도록 하는 데 동의했습니다. 길이 450km, 폭 20km의 카프리비 스트립은 마침내 독일에게 나미비아와 탄자니아 간의 빠른 선박 운행이 가능하도록 연결 통로를 제공했습니다. 적어도 이론적으로는 말이지요.

그러나 실제로 이는 독일에게 무의미했습니다. 왜냐하면 잠베지강의 대부분은 배가 다닐 수 없기 때문입니다. 한마디로 말하면 기발한 계획은 배가 다닐

앙골라

잠비아

아프리카 대륙

인도양

대서양

카프리비 스트립

나미비아

보츠와나

짐바브웨

카프리비 스트립

수 없는 잠베지강으로 인해 실패로 돌아갔습니다. 특히나 독일에 속한 잠베지
강 지역은 급류로 가득 차서 어떤 배든 항해하기가 꽤 까다로웠습니다. 게다가
카프리비 스트립으로부터 하류 약 80km 지점에는 유명한 빅토리아 폭포가 있
습니다. 빅토리아 폭포의 낙하 거리는 108m로, 세계 최대 수준입니다. 심지어
오늘날에도 이 폭포는 선박이 극복할 수 없는 장벽으로 작용하고 있습니다. 더
하류의 모잠비크에는 잠베지강 선박 운항에 또 다른 장벽이 되는 카호라바사
Cahora Bassa 급류(오늘날은 댐으로 인공호수가 만들어짐)가 있었습니다. 선박
이 항해하는 데 더 위험한 것은 잠베지강 하구로부터 상류로 수백 킬로미터를
헤엄쳐 다니는 잠베지 상어들이었습니다.

　카프리비 스트립은 독일은 물론 이후 독립한 나미비아에게도 아무런 이익이
되지 않았습니다. 카프리비 스트립 전 지역은 환경적으로 빈곤하고 문화적으
로 나미비아의 다른 지역들로부터 고립되어 있었습니다. 카프리비 스트립에는
나미비아보다 인접 국가에 더 가까운 민족 집단들이 거주하고 있었습니다. 따
라서 이것은 나미비아로부터 카프리비 스트립을 뺏을 목적으로 발생한 몇 가지
분쟁으로 이어졌습니다. 대표적으로 카시킬리Kasikili섬(보츠와나에서는 세두두
Sedudu섬으로 불림)을 둘러싼 나미비아와 보츠와나의 국경 분쟁을 들 수 있습

빅토리아 폭포

니다. 카프리비 스트립을 흐르는 초베Chobe강에 있는 카시킬리섬을 두고 양국이 영유권을 주장한 것입니다. 나미비아와 보츠와나는 국제사법재판소에 중재를 요청했고, 그 결과 카시킬리섬은 보츠와나에 귀속되었습니다. 또 1999년에는 카프리비 스트립 지역의 독립을 추진하는 카프리비해방군Caprivi Liberation Army: CLA이 카프리비주의 주도인 카티마물릴로Katima Mulilo의 방송 시설 및 경찰서를 공격해 한때 비상사태가 선포되었으나 나미비아군에 의해 며칠 만에 진압되었습니다. 현재는 나미비아가 카프리비 스트립에 대한 권한을 유지하고 있습니다.

20

아프가니스탄과 중국을 연결하는 파미르고원의 와칸 회랑

'그레이트 게임The Great Game'이라는 말이 있습니다. 이는 중앙아시아의 패권을 차지하기 위한 대영 제국과 러시아 제국 간의 전략적 경쟁을 말합니다. 러시아는 부동항을 얻고자 인도로 남하하려 했고, 영국은 이를 저지하려고 했습니다. 이 '게임'은 1813년의 러시아-페르시아 조약에서 시작해 1907년의 영러 협상으로 끝을 맺습니다. 제2차 세계대전과 식민 시대가 끝난 이후에도 이 용어는 중앙아시아에 대한 강대국들의 지정학적 권력과 영향력에 대한 경쟁을 의미하는 말로 계속 사용되고 있습니다.

와칸 회랑Wakhan Corridor은 아프가니스탄의 독특한 국경의 형태인데, 이는 대영 제국과 러시아 제국 간의 그레이트 게임으로 탄생했습니다. 대영 제국과 러시아 제국이 그레이트 게임을 벌인 이 지역을 우리는 흔히 서역(西域)으로 지칭하기도 합니다. 이 길은 신라 시대의 승려 혜초(慧超)가 서천축(西天竺)으로 들어간 길이며, 고구려 태생의 중국 당나라 장군 고선지(高仙芝)가 중앙아시아로 진격한 길이기도 합니다. 하지만 이슬람이 흥기하여 이 지역을 장악하고, 대

와칸 회랑 위치

항해 시대 이후 바다를 중심으로 움직이면서 위대한 문명의 길에 위치한 이곳은 잊힌 장소가 되었습니다. 하지만 대영 제국과 러시아 제국의 힘겨루기가 본격화되면서 이 지역은 다시 주목을 받게 됩니다. 그러나 이 지역에 대한 지식은 전무하였기 때문에 러시아 제국과 대영 제국은 본격적인 지리 탐사에 나서게 됩니다.

19세기 말 대영 제국과 러시아 제국은 중앙아시아 파미르고원 일대에서 충돌합니다. 러시아 제국은 대영 제국이 식민지 인도(현재 파키스탄도 포함)를 기점으로 북상하는 것을 저지하기 위해 힘의 대결을 펼칩니다. 실상 파미르고원은 자원도 없고 아무런 경제적 실익이 없는 황폐한 지역에 불과했습니다. 이런 땅이 전략적인 가치를 지니게 된 것입니다. 결국 두 제국은 양국이 국경을 맞대는 것을 방지하고자 러시아가 점령하고 있던 지역과 영국이 점령하고 있던 지역 사이에 '와칸'이라는 긴 회랑을 만들었습니다. 대영 제국과 러시아 제국은 1895년 이곳을 서로 병력을 투입하지 않는 비무장지대DMZ 또는 중립지대로 설정하고, 아프가니스탄 영토로 편입시키면서 이와 같은 독특한 국경 형태가 나타나게 되었습니다. 이렇듯 아프가니스탄은 두 제국주의 세력 사이의 완충 지역으

와칸 회랑

로 설정되면서, 현재와 같은 국경을 가진 독립국으로 존재하게 되었습니다. 와칸 회랑은 러시아와 영국이 만들어 낸 타협의 땅입니다. 대부분이 무인지대인 땅이 정치적 스프링의 역할을 맡은 셈입니다.

와칸 회랑은 현재 폭 약 30km, 길이 약 300km로 북쪽은 타지키스탄, 남쪽은 파키스탄과 국경을 맞대고 있으며, 회랑의 동쪽 끝은 중국의 신장웨이우얼 자치구와 맞닿습니다. 형태상 좁고 긴 땅이어서 스트립으로 불리고, 지세적으로 긴 계곡이어서 회랑(回廊)이라고 불리기도 합니다.

와칸 회랑은 지금도 중요한 전략적 요충지입니다. 내륙국인 아프가니스탄은 외세가 개입할 경우 늘 보급로가 문제가 되어 왔고, 1979년 소련의 아프가니스탄 침공 때는 와칸 회랑을 통해 중국제 소총과 기관총 등이 몰래 반입되었다고 믿어지는 전략적 요충지이기도 합니다. 또한 미국이 21세기 초 아프가니스탄 전쟁을 신속히 마무리하려는 의도에서 이곳을 보급로로 열어 달라고 중국 측에 요구함으로써 또다시 유명해졌습니다. 2018년에는 중국이 와칸 회랑에 군사 훈련 기지를 건설한다고 해 또 한 번 주목을 받았습니다.

21
우라늄 때문에 분쟁 지역이 된 아우조우 스트립

　세계지도에서 북아메리카와 아프리카 지도를 보면 특이하게도 국경이 네모 반듯하게 나 있는 경우가 많습니다. 대개 국경은 자연 및 문화에 따라 설정되다 보니 구불구불한 경우가 많은 데 말입니다. 미국과 캐나다의 국경, 아프리카의 국경은 대체로 자연 및 문화 특성을 무시하고 수학적 좌표인 경위도선에 의해 설정되었기 때문입니다. 지구를 추상적인 공간으로 간주하고 기하학적으로 선을 그어 시원시원한 느낌은 듭니다. 그러나 지구가 매끈한 물리적 공간이 아니라 인간이 살고 있는 역동적인 공간이라는 것을 생각해 보면 씁쓸하기도 합니다.

　알래스카 일대를 제외한 미국과 캐나다 국경의 길이는 전체 약 8,900km인데 북위 49°를 따라 그은 직선(정확하게는 둥근 호)으로, 미국의 미네소타주와 캐나다의 온타리오주 서부에서 미국의 워싱턴주와 캐나다의 브리티시컬럼비아주 사이를 연결한 것입니다. 이 경계는 1846년 당시 캐나다를 통치하고 있던 영국과 미국이 맺은 오리건 조약에 따라 설정되었습니다. 두 나라는 알래스카와

세상에 이런 국경

유콘 사이에서 서경 141°를 따라 남북으로 그은 2,500km의 기하학적 국경에도 합의했습니다.

아프리카의 국경도 영국, 독일, 프랑스 등 서구 열강에 의해 경위도선을 기준으로 기하학적으로 그어져 있습니다. 아프리카에는 원래 다양한 민족이 뚜렷한 물리적 경계 없이 살고 있었는데, 제국주의 시대에 서구 열강은 식민 지배를 원활히 하기 위해 이를 무시하고 자신들의 편의대로 경위도선을 따라 국경을 설정하고 나라 이름을 붙였습니다. 이는 제2차 세계대전 이후 아프리카 국가들이 독립하면서 한 국가 내에서 서로 다른 민족이 내전을 일으키게 되는 원인이 되었습니다.

이렇게 설정된 국경을 둘러싸고 국가 간에 충돌이 있었던 적이 있습니다. 중앙아프리카에 위치한 리비아와 차드 사이에 벌어졌던 일입니다. 리비아와 차드 사이의 1,000km 국경은 1899년 프랑스와 영국이 아프리카 프랑스 식민지의 북방한계선을 설정하기 위해 사막을 가로질러 그은 직선입니다. 그런데 리비아는 이 직선이 남쪽으로 100km 이동해야 한다고 주장했습니다. 원래 리비아-차드 국경과 리비아가 주장하는 국경 사이의 지역을 아우조우 스트립Aouzou Strip라고 합니다. 이곳이 아우조우 스트립이라고 불리게 된 것은 이곳의 오아시스가 있는 작은 마을 이름이 아우조우였기 때문입니다.

그렇다면 리비아는 왜 아우조우 스트립이 자신의 영토라고 주장한 것일까요? 대개 영토 분쟁은 민족이나 종교 간의 갈등이거나 자원을 둘러싼 경우가 많습니다. 이곳 아우조우 스트립은 원자력 발전에 없어서는 안 될 매우 가치 있는 우라늄이 많이 매장되어 있습니다. 리비아는 이 우라늄이 탐났던 것이지요. 리비아는 1935년 프랑스와 이탈리아가 맺은 협정에 근거해 1951년부터 아우조우 스트립에 대한 영유권을 주장했고, 1954년에는 차드를 공격했습니다. 이후 1969년 군사 쿠테타로 정권을 잡은 악명 높은 리비아의 무아마르 알 카다피

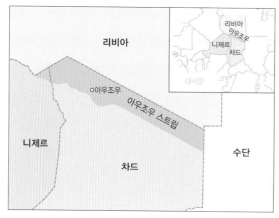

아우조우 스트립 위치

Muammar al-Qaddafi 대통령은 1973년 아우조우 스트립을 장악하게 됩니다.

리비아-차드 전쟁의 마지막 전투였던 1987년 이른바 도요타 전쟁Toyota War 때 차드군은 리비아군을 아우조우 스트립에서 후퇴시킬 수 있었습니다. 이 전쟁의 이름이 좀 특이한데, 이는 당시 차드군을 리비아 국경으로 수송하던 도요타의 픽업트럭에서 따온 것입니다. 차드와 리비아의 휴전은 1987년부터 1988년까지 이어졌으며, 그 후 몇 년 동안 산발적인 교전이 일어났습니다.

유엔 안전보장이사회는 리비아군의 철수를 감시하기 위해 1994년 5월 결의 제915호에 유엔 아우조우 스트립 옵서버 그룹United Nations Aouzou Strip Observer Group을 설립했고, 철수가 완료된 1994년 6월 결의 제926호에 이를 종료했습니다. 마침내 1994년 국제사법재판소가 차드 주권에 대한 찬성(16 대 1) 판결을 내리고 리비아의 주장을 종식시켰습니다. 그리하여 아우조우 스트립은 차드의 영토가 되었습니다. 지금 아프리카 지도를 보면 아우조우 스트립은 차드의 영토가 되어 그 흔적을 발견할 수 없지만, 한때는 이곳을 둘러싸고 두 나라가 치열하게 싸웠습니다.

세상에 이런 국경

22
강과 호수에 있는 섬 월경지

세계의 많은 강과 호수는 자연적인 경계 및 국경 역할을 합니다. 그러나 때때로 강과 호수는 한 국가의 영토지만 강이나 호수에 있는 섬이 다른 국가에 속해 월경지가 된 독특한 경우도 있습니다. 이러한 월경지를 흔히 섬 월경지island enclaves라고 합니다.

1) 우루과이에 있는 아르헨티나의 섬 월경지, 마르틴가르시아섬

마르틴가르시아섬Martín García Island은 우루과이에 있는 아르헨티나의 섬입니다. 이 섬은 우루과이강과 파라나강이 만나 라플라타강을 형성하는 곳에 위치합니다. 이 섬은 강의 한가운데에 있고 파라나강, 우루과이강으로 들어가는 관문이라는 전략적 위치 때문에 유럽 세력이 남미로 진출한 이후 에스파냐와 포르투갈의 분쟁이 꾸준히 있던 곳입니다. 19세기 초 아르헨티나와 우루과이가 독립한 이후에는 마르틴가르시아섬의 영유권을 놓고 두 나라 사이에 갈등이 있었지만, 19세기 후반부터는 아르헨티나 해군이 섬을 관할하고 있었습니다.

마르틴가르시아섬 전경

마르틴가르시아섬 위치

오랜 분쟁 끝에 1973년 두 나라는 마르틴가르시아섬이 우루과이 수역에 둘러
싸인 아르헨티나의 영토라는 것을 규정하는 조약에 합의합니다. 대신 아르헨티
나는 이 섬을 자연보호구역으로만 이용해야 합니다. 군사시설 등을 설치할 수
없다는 뜻이죠. 현재 마르틴가르시아섬은 조약에 따라 자연보호구역으로 지정
되어 있으며, 관광자원으로 활용되고 있습니다.

마르틴가르시아섬 바로 북쪽에는 우루과이의 섬인 티모테오도밍게스섬Timoteo Dominguez Island이 있습니다. 두 섬 사이에는 수많은 하천이 있었는데 시간이 지남에 따라 엄청난 양의 모래와 진흙이 퇴적되어 두 섬이 하나로 연결되었습니다. 이로써 두 나라 사이에 유일한 육지 경계가 만들어졌습니다.

2) 아르헨티나에 있는 우루과이의 섬 월경지, 필로메나 군도

마르틴가르시아섬에서 우루과이만을 따라 북쪽으로 거슬러 올라가면 필로메나 군도Filomena Islands가 있습니다. 필로메나 군도는 우루과이강의 아르헨티나 수역에 있는 우루과이의 월경지입니다. 이 군도는 다섯 개의 무인도로 이루어져 있으며, 아르헨티나의 수도 부에노스아이레스로부터 북쪽으로 약 200km 떨어져 있고, 우루과이의 수도 몬테비데오로부터 북서쪽으로 약 275km 떨어져 있습니다.

필로메나 군도 위치

3) 파라과이에 있는 아르헨티나의 섬 월경지, 아피페 군도

아피페 군도Apipé Islands는 파라과이 파라나강의 하중도 몇 개로 이루어진 군도로 아르헨티나의 월경지입니다. 이 군도는 277km²의 아피페그란데Apipé Grande, 24km²의 아피페치코Apipé Chico, 12km²의 로스파토스Los Patos, 4km²의

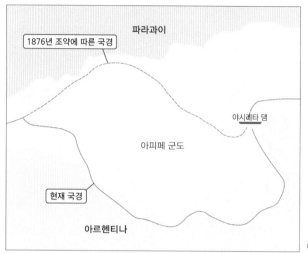

아피페 군도 위치

산마르틴San Martín 등의 큰 섬과 여러 작은 섬으로 이루어져 있습니다. 가장 큰 두 섬에 약 3,000명의 인구가 거주하고 있는 반면, 다른 섬들은 사람은 살지 않고 관광지로 이용되고 있습니다. 19세기 초 아르헨티나가 에스파냐로부터 독립한 이후 아피페 군도는 아르헨티나 코리엔테스Corrientes주에 속했습니다. 그러던 1841년 파라과이는 본토와의 근접성을 이유로 아피페 군도를 점령하고 주민들을 쫓아냈습니다. 하지만 파라과이가 삼국동맹전쟁에서 패함으로써 아피페 군도는 다시 아르헨티나로 반환되었습니다.

이후 1876년 두 나라는 국경 조약을 맺고, 파라나강의 중앙을 국경으로 하는데 합의했습니다. 조약에 따르면 아피페 군도는 아르헨티나 수역에 속했습니다. 그런데 1970년대 후반~1980년대 초반 야시레타Yacyretá 댐 건설로 인해 경계를 재획정하면서 아피페 군도가 파라과이 수역에 속하게 되었습니다. 상황이 이렇게 되자 파라과이는 다시 아피페 군도에 영향력을 행사하기 시작했으며, 이는 현재 진행형입니다.

아피페 군도에서 하류로 약 45km 떨어진 곳에는 파라과이 영토에 또 하나의 아르헨티나의 섬 월경지인 엔트레리오스섬Entre Ríos Island이 있습니다. 이 섬은 무인도로 면적은 약 35km²입니다. 인근에는 파라과이 영토에 있지만 아르헨티나가 통치하는 몇몇 더 많은 섬 월경지가 있습니다. 5km²의 무인도인 카아베라 Caá Verá, 베르데스Verdes, 코스타라가Costa Larga가 그 예입니다. 이 섬들은 모래나 진흙의 퇴적과 침식에 따라 형태가 다양하게 변합니다.

4) 모잠비크에 있는 말라위의 섬 월경지, 리코마섬과 치주물루섬

리코마섬과 치주물루섬의 위치

말라위호 또는 니아사호Nyasa Lake는 말라위, 모잠비크, 탄자니아의 국경 지역에 있는 거대한 호수입니다. 다시 말하면 말라위호는 동아프리카 지구대에 산재하는 호소지대 최남단에 있는 호수입니다. 말라위호는 아마도 완전한 섬 월경지가 있는 유일한 호수입니다. 리코마섬Likoma Island과 치주물루섬Chizumulu Island은 모잠비크 수역에 둘러싸인 말라위Malawi의 월경지입니다. 이 두 섬은 18km²의 면적과 약 15,000명의 주민이 살고 있는 리코마 행정구를 형성합니다. 영국이 리코마를 차지했기 때문에 이 섬들은 근처의 포르투갈 식민지였던 모잠비크가 아닌 영국 식민지였던 말라위의 땅으로 남아 있습니다. 그러나 가까운 모잠비크를 생활권으로 두고 있습니다.

23

카리브해의 섬을 나누어 가진
프랑스와 네덜란드

유럽인들에게 네덜란드와 프랑스 사이에 국경이 있는지 물어본다면 어떻게 대답할까요? 아마도 그들은 '아닙니다. 벨기에가 그들 사이에 있어요!'라고 대답할 것입니다. 그런데 카리브해 사람들에게 똑같은 질문을 한다면 어떻게 대답할까요? 아마도 그들은 '예, 물론입니다.'라고 대답할 것입니다.

유럽 대륙에서는 불가능하지만, 유럽 대륙에서 멀리 떨어진 카리브해에서는 어떻게 그것이 가능할까요? 프랑스와 네덜란드는 과거 상당한 식민지를 건설했습니다. 그들이 건설한 많은 식민지는 대개 독립했지만 탈식민지화가 진행되지 않은 곳도 있습니다. 카리브해의 작은 섬, 세인트마틴섬Saint Martin Island이 그렇습니다. 프랑스와 네덜란드는 카리브해의 이 섬을 절반씩 나누어 가지고 있습니다.

세인트마틴섬은 카리브해의 북동쪽에 위치하고, 푸에르토리코에서 동쪽으로 약 300km 떨어져 있으며, 면적은 약 87km²입니다. 이 섬은 격동의 역사를 가지고 있습니다. 에스파냐, 영국, 프랑스, 네덜란드 모두 어떤 시점에 이 섬 전

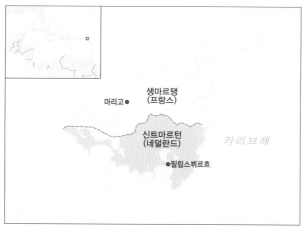

생마르탱
(프랑스)
마리고●

신트마르턴
(네덜란드)

카리브해

●필립스뷔르흐

세인트마틴섬 위치

체 혹은 일부를 통치했습니다. 현재 이 섬을 나누는 국경선은 17세기 중반 프랑스와 네덜란드가 체결한 협정에 근거합니다. 섬 전체 면적의 2/3를 차지하는 북쪽 지역은 프랑스에 속하며 생마르탱Saint-Martin으로 불립니다. 나머지 1/3의 면적을 차지하는 남쪽 지역은 네덜란드에 속하며 신트마르턴Sint Maarten이란 이름으로 불립니다. 인구는 약 41,000명의 주민이 거주하는 네덜란드 지역이 약 37,000명의 주민이 사는 프랑스 지역보다 훨씬 더 밀집해 있습니다.

신트마르턴은 네덜란드 왕국을 구성하는 네 개 국가 중 하나이며, 유럽연합의 '해외 국가 및 영토oversea country and territory'의 지위를 가지고 있습니다. 신트마르턴은 영어와 네덜란드어를 공용어로 하지만 여러 언어를 사용하는 사회입니다. 2021년 인구조사에 따르면, 인구의 70%는 영어 사용자이고, 약 12%는 에스파냐어 사용자이며, 단지 4%만 네덜란드어를 사용합니다. 네덜란드령 앤틸리스Antilles의 길더guilder를 화폐로 사용하고 있으며, 달러도 널리 사용됩니다. 신트마르턴 경제에서 중요한 부분을 차지하는 것은 관광입니다. 관광 산업은 정기적으로 오는 관광객과 거대한 카리브해 크루즈를 타고 이 섬 주위를 항해하는 동안 짧게 방문하는 관광객에 의존합니다. 신트마르턴의 가장 큰 매력

마호비치 위를 아슬아슬하게 지나가는 비행기

중 하나는 마호비치Maho Beach입니다. 마호비치와 프린세스줄리아나Princess Juliana 국제공항의 활주로는 좁은 도로를 사이에 두고 있습니다. 프린세스줄리아나 국제공항의 짧은 활주로 길이 때문에 비행기는 해변 위를 매우 낮게 날아야 합니다. 세계에서 가장 위험한 공항이라는 별명이 있을 정도입니다. 하지만 덕분에 마호비치는 비행기들이 머리 바로 위로 지나가는 것을 볼 수 있는 관광 명소가 되었지요. 그렇다고 해도 이를 가까이서 지켜 보는 것은 매우 위험합니다. 비행기 제트 엔진에서 나오는 강력한 기류에 의해 날아가 심각한 부상을 입거나 심지어 사망할 수 있기 때문입니다.

생마르탱은 프랑스의 '해외 집합체Collectivité D'outre-Mer'이며, 섬의 북쪽 지역을 차지합니다. 이곳은 유럽연합에 속하며, 따라서 공식 통화는 유로입니다. 주요 산업은 마찬가지로 관광입니다. 85%의 인구가 직간접적으로 관광 산업에

2017년 9월 6일 허리케인 어마가 세인트마틴섬을 강타했습니다. 이로 인해 이 섬의 90%가 큰 피해를 입었습니다.

종사하고 있습니다.

세인트마틴섬은 세계적인 관광지로 네덜란드 지역에서는 유흥가, 볼거리가 많은 해변, 카지노 등을 즐길 수 있고, 프랑스 지역에서는 세계적으로 유명한 누드 해변, 보석과 의류 쇼핑, 구아바 열매로 만든 럼주, 다양한 프랑스 카리브 요리 등을 즐길 수 있습니다. 세계 각국으로부터 다양한 항공편이 프린세스줄리아나 국제공항에 취항하고 있으며 세계적인 호텔과 빌라, 리조트 등의 숙박시설과 다양한 레스토랑들이 있습니다.

카리브해의 섬이라는 지리적 위치로 대부분의 음식과 에너지는 주로 멕시코와 미국으로부터 수입합니다. 그럼에도 세인트마틴섬은 카리브해에서 가장 부유한 영토입니다. 적어도 2017년 9월 6일까지는 그러했습니다. 그 당시 허리케인 어마Irma가 285km/h 바람으로 세인트마틴섬을 포함한 카리브해 제도를 강타하여 엄청난 재산 피해와 인명 손실을 초래했습니다. 네덜란드 적십자는 신트마르턴에 있는 건물의 거의 1/3이 파괴되었으며, 기반시설의 90% 이상이 피

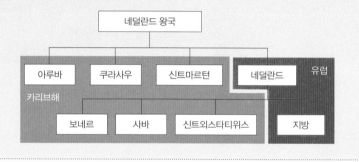
해를 입었다고 추정했습니다. 네덜란드와 프랑스는 혼란을 틈타 일어나는 약탈을 방지하기 위해 추가로 경찰과 군대를 파견했습니다. 허리케인에 이은 코로나19로 전 세계 관광 산업이 위축되면서 세인트마틴섬의 경제는 상당히 어려움을 겪고 있습니다.

4장

국가의 해체로 생긴 월경지

24

구소련의 해체로 생긴 중앙아시아의 월경지

1) 구소련과 중앙아시아 국가들의 관계

중앙아시아에 위치한 나라들의 국명 끝에는 '스탄'이라는 말이 붙습니다. 투르키스탄, 투르크메니스탄, 우즈베키스탄, 타지키스탄, 키르기스스탄, 카자흐스탄, 아프가니스탄 등이 그러합니다. 스탄stan은 페르시아어로 '나라, 땅'이란 뜻입니다. 중앙아시아의 범위는 일정하지 않으나 작게는 파미르고원을 중심으로 동투르키스탄으로 불리는 중국의 신장웨이우얼자치구와 서투르키스탄으로 불리는 투르크메니스탄·우즈베키스탄·타지키스탄·키르기스스탄의 네 개 공화국 및 카자흐스탄 남부를 합친 지역을 가리킵니다. 넓게는 내·외몽골(몽골과 중국의 네이멍구자치구), 중국 칭하이성, 티베트고원, 아프가니스탄까지를 포함합니다. 이는 강물이 외양으로 흘러나가지 않는 내륙 아시아와도 거의 일치합니다.

중앙아시아는 역사적으로 구대륙 세계 교통의 요지로 동양과 서양을 잇는 실크로드가 있던 곳입니다. 뚜렷한 지형 장벽이 드물고 사통팔달의 지역이므로

중앙아시아 국가들

동, 남, 서아시아 및 유럽과 역사문화적으로 밀접한 관계를 맺었습니다.

중앙아시아의 스탄 5개국(카자흐스탄, 우즈베키스탄, 투르크메니스탄, 키르기스스탄, 타지키스탄)은 각각 민족과 문화가 조금씩 다르지만 1991년까지 소비에트 사회주의공화국 연방에 속했기 때문에 이들 5개국 모두 러시아 문화의 영향을 크게 받았습니다. 예를 들면 5개국에서 러시아어가 널리 사용되며, 러시아 정교회의 크리스마스가 이들 국가에서도 공식기념일로 지정되어 있습니다. 독립한 지 30년이 넘었지만 5개국 모두 적어도 도시에서는 러시아어로도 대부분 생활이 가능할 정도입니다. 특히 친러 성향이 강한 카자흐스탄, 키르기스스탄, 타지키스탄이 그러합니다. 반면 우즈베키스탄과 투르크메니스탄은 소련에서 독립한 이후 러시아어 배제 정책을 실시하고 있어서 러시아어가 세 나라에 비해 덜 쓰이고 있습니다.

2) 구소련의 해체와 중앙아시아 국가들의 독립으로 월경지가 나타나다

많은 국가 내에 지방, 주, 연방 정부의 일부가 다른 지방이나 주에 위치하고 있는 내부 월경지가 있습니다. 국가가 통합(통일)되어 있는 한 이러한 내부 월경지는 별 문제가 되지 않습니다. 그러나 국가가 분열 또는 독립한다면, 내부 월경지는 어려움에 봉착하게 되고 진짜 월경지가 됩니다.

구소련의 해체로 중앙아시아의 나라들이 독립하면서 이러한 현상이 일어났습니다. 구소련 시기에 소련의 국경은 공산당 지도자들이 규정했습니다. 그들은 중앙아시아의 국경선이 언어에 따라 설정되어야 한다고 결정했습니다. 따라서 이론적으로 X언어를 사용하는 마을은 심지어 Y공화국에 의해 둘러싸여 있을지라도 X공화국에 소속되어야 했습니다. 대표적인 곳이 페르가나Fergana 지역입니다. 이곳은 원래 하나의 지역이었으나 1924년 소련에 의해 우즈베키스탄, 키르기스스탄, 타지키스탄으로 분할되었습니다. 구소련 동안 이러한 분할은 문제가 되지 않았습니다. 그러나 소련이 해체되고 중앙아시아 나라들이 독립하면서 페르가나 지역은 국경 분쟁이 빈번하게 발생하는 곳이 되었습니다.

페르가나 분지의 월경지

페르가나 분지

이들 월경지에는 거의 10만 명의 주민이 거주하고 있습니다. 월경지의 대부분
은 키르기스스탄에 있습니다.

3) 키르기스스탄에 있는 타지키스탄의 월경지

키르기스스탄에는 두 개의 타지키스탄 월경지가 있습니다. 그중 하나는 보루
흐Vorukh입니다. 보루흐는 상대적으로 크고 인구가 많은 월경지입니다. 약 100
km²의 면적에 총 3만 명이 넘는 주민이 사는 17개의 마을로 이루어져 있고, 그
들 중 95%가 타지크족입니다.

키르기스스탄의 가장 서쪽에 있는 또 다른 타지키스탄의 월경지인 카이가
흐Kayragach는 면적이 1km² 미만이며 사람이 거주하고 있는지는 확실하지 않
습니다. 카이가흐는 키르기스스탄 바트켄Batken 지역의 레일렉Leilek구에 완전

세상에 이런 국경

히 둘러싸여 있습니다. 카이가흐는 타지키스탄 프롤레타르스크Proletarsk에서 키르기스스탄 술루카Sulukta까지 가는 노선에 있는 스탄티야 카이가흐Stantsiya Kayragach의 철도역 근처에 있습니다.

4) 키르기스스탄에 있는 우즈베키스탄의 월경지

우즈베키스탄은 키르기스스탄과의 국경 지역에 크고 작은 여러 월경지를 소유하고 있습니다. 우즈베키스탄의 가장 큰 월경지는 소흐Sokh입니다. 소흐는 면적이 약 220km²이고, 3km에서 13km까지 다양한 폭을 가지고 있으며, 길이는 35km입니다. 키르기스스탄의 주요 고속도로 중의 하나가 이 월경지를 관통하며, 약 8만 명의 주민들은 대부분 타지크족입니다. 이곳은 중앙아시아의 모든 월경지 중 지방의회가 있는 유일한 곳입니다. 다른 월경지는 별도의 국가 기관이 없는 작은 마을입니다.

또 하나의 상대적으로 큰 우즈베키스탄의 월경지는 샤키마르단Shakhimardan으로 면적은 약 90km²입니다. 대략 우즈베키스탄 국경에서 서남쪽으로 20km 떨어진 곳에 위치해 있습니다. 인구는 약 1만 명이며, 그중 90%가 우즈베키스탄인입니다.

전카라Chon-Kara는 우즈베키스탄의 작은 월경지이며, 소흐 바로 북쪽에 있습니다. 전카라는 두 개의 우즈베키스탄 마을로 이루어져 있으며, 면적은 약 3km²이고 우즈베키스탄 국경으로부터 약 3km 떨어져 있습니다. 장게일Dzan-gail은 우즈베키스탄의 작은 월경지로 길이가 약 1km 정도 되며 우즈베키스탄 국경으로부터 1km 떨어져 있습니다.

5) 우즈베키스탄에 있는 타국의 월경지

우즈베키스탄에는 타국의 월경지 두 곳이 있습니다. 먼저 타지키스탄의 월경지인 사르반Sarvan이 있습니다. 사르반은 우즈베키스탄의 수도 타슈켄트로부터 약 100km 떨어진 곳에 있습니다. 이 타지키스탄의 월경지는 본국으로부터 약 1.5km 떨어져 있고, 8km²의 면적에 500명 정도의 주민들이 살고 있습니다. 타지키스탄은 이 월경지를 통치한다고 주장하지만, 이것은 사실이 아닌 것 같습니다. 다양한 자료에 따르면, 적어도 21세기 이후 모든 권력은 우즈베키스탄의 손에 있습니다. 그래서 이것이 여전히 월경지로 존재하는지에 대해서는 논란의 여지가 있습니다.

또한 우즈베키스탄에는 키르기스스탄의 월경지 바락Barak이 있습니다. 바락은 중앙아시아에 있는 또 하나의 혼란스러운 월경지입니다. 일부 자료에 따르면, 이 작은 월경지는 우즈베키스탄-키르기스스탄 국경에서 남쪽으로 몇 킬로미터 떨어진 오슈Osh시 인근에 위치하고 있습니다. 다른 자료들은 월경지가 아니라 키르기스스탄의 국경 마을이라고 주장합니다.

페르가나 계곡에 있는 월경지들이 처한 상황은 매우 혼란스럽습니다. 키르기스스탄, 타지키스탄, 우즈베키스탄은 이런 혼란을 해결하고자 새로 국경을 설정하기 위해 협상을 시도하고 있습니다. 그것은 월경지와 다른 땅을 교환함으로써 본국에 통합하는 방식으로 이루어질 가능성이 높습니다.

25

독립을 위해 싸우는 미승인 국가
아르차흐 공화국

    복잡한 국경과 타협을 꺼리는 행동은 오해와 갈등을 낳고 심지어 전쟁의 불씨가 되기도 합니다. 그러한 상황이 구소련의 해체 이후 코카서스산맥 남사면에서 일어났습니다. 특히 아르메니아와 아제르바이잔 사이의 영토 분쟁은 끊임없이 일어나고 있습니다. 수 세기에 걸쳐 지속된 기독교 아르메니아와 이슬람교 아제르바이잔 간의 긴장은 구소련 시기 자치주 설정과 소련 해체 후 두 국가의 독립으로 더욱 악화되었습니다.

    이에 대표적인 지역이 나고르노카라바흐입니다. 이 지역은 소련 이전부터 아르메니아와 아제르바이잔이 서로 영유권을 주장하던 곳이었습니다. 이후 아제르바이잔과 아르메니아가 차례로 소련에 복속되었고, 소련은 나고르노카라바흐를 아제르바이잔 자치주에 귀속시켰습니다. 그러나 당시 이 지역 인구의 80%가 기독교계 아르메니아인, 20%가 이슬람계 아제르바이잔인이었습니다. 소수의 아제르바이잔인이 다수의 아르메니아인을 지배하면서 인종적, 종교적 갈등의 씨앗을 안고 있게 되었습니다.

아르메니아와 아제르바이잔의 월경지

　소련이 약화되던 1988년부터 아르메니아와 아제르바이잔은 나고르노카라바흐를 두고 격하게 대립하며 때로는 무력 충돌을 벌이기도 했습니다. 그러다 1991년 소련이 붕괴되자 나고르노카라바흐의 아르메니아인들은 '나고르노카라바흐 공화국'의 독립을 선언했고, 이듬해 나고르노카라바흐 전쟁이 일어났습니다. 1994년 가까스로 휴전되어 미승인국이기는 하나 아르메니아인들의 나고르노카라바흐 공화국이 이 지역을 지배해 오고 있었습니다. 이들은 2017년 2월에 자신들이 이 지역을 일컫던 아르차흐에서 따온 아르차흐 공화국Republic of Artsakh으로 국호를 변경하기도 했습니다. 그러나 휴전 상태로 국경 분쟁을 매듭짓지 못한 아르메니아-아르차흐 공화국과 아제르바이잔은 2020년 다시 충돌하고 말았습니다. 세 달여간 이어진 전쟁 끝에 아제르바이잔이 승리하면서 아르차흐 공화국의 미래는 불투명해졌습니다.

　아르차흐 공화국 외에 두 나라에는 서로의 월경지가 존재합니다. 아제르바이잔 영토에는 아르메니아의 월경지 아트바센이 있으며, 아르메니아 영토에는 나히체반을 포함해 네 곳의 월경지가 있습니다.

아트바센Artsvashen은 아제르바이잔 북서쪽에 있는 아르메니아의 작은 월경지입니다. 아트바센의 면적은 약 40㎢입니다. 자료에 따르면 이 도시는 아르메니아의 땅이지만, 1990년대 초반 아르메니아–아제르바이잔 전쟁 당시 아제르바이잔 군인들이 점령한 후 아르메니아인들을 추방함에 따라 거의 버려져 있습니다. 현재는 아제르바이잔이 관리하에 두고 있습니다.

이제 아르메니아에 있는 아제르바이잔의 월경지를 살펴볼까요? 먼저 나히체반Nakhchivan은 아르메니아의 서남부에 위치하며 튀르키예, 이란과 국경을 마주하는 아제르바이잔의 월경지입니다. 나히체반은 아르메니아인과 아제르바이잔인이 섞여 살던 곳이었습니다. 국경이 따로 존재하지 않았죠. 그러다 20세기 초반 러시아 제국이 몰락한 틈에 이곳을 차지하기 위해 두 민족 간 충돌이 일어났습니다. 아제르바이잔인이 나히체반을 차지하긴 했으나 아제르바이잔 본토와 연결하지는 못했습니다. 그 상태에서 앞서 설명했듯이 두 나라가 모두 소련에 들어가게 되었고, 소련은 나히체반을 자치주로 설정했습니다. 소련 당시에는 나히체반이 아제르바이잔 본토와 분리된 것이 문제가 되지 않았습니다. 그러나 소련이 해체되고 아르메니아와 나히체반의 경계가 국경선이 되면서 두 나라는 또다시 갈등하게 되었습니다. 오늘날 나히체반은 공화국의 지위를 가지고 있으며, 2020년 아제르바이잔이 아르메니아와의 전쟁에서 이기면서 본토와 육로로의 연결도 보장받게 되었습니다.

나히체반은 흥미롭게도 아르메니아 영토에 월경지를 가지고 있습니다. 다시 말해 아제르바이잔 월경지(나히체반)의 월경지인 것이죠. 바로 나히체반에서 북쪽으로 4km 정도 떨어진 곳에는 있는 카르키Karki입니다. 그러나 이곳은 1990년대 초 두 나라의 전쟁 당시 아르메니아가 점령해 지금까지도 아르메니아가 관리하고 있습니다. 이때 쫓겨난 아제르바이잔 주민들은 나히체반의 캉갈리Kangarli 지역으로 이주해 정착했습니다.

바르수달리Barxudarli는 아르메니아 동북쪽에 있는 아제르바이잔의 월경지입니다. 이곳도 카르키와 마찬가지로 1990년대 초반 아르메니아 군대에 의해 점령되었습니다. 이전에 거주하던 대다수의 아제르바이잔인들은 이곳을 떠나 아제르바이잔으로 이주했습니다. 바르수달리로부터 북쪽으로 조금 떨어진 곳에는 유카리아스키파라Yukhari Askipara가 있습니다. 면적은 8.5km^2 정도이며 작은 산간 마을이 있었으나 전쟁 동안 대부분 파괴되었습니다.

2020년 아르메니아와 아제르바이잔 전쟁의 결과로 두 국가에 있는 월경지에 대한 논의가 진행되고 있습니다. 하지만 승자인 아제르바이잔의 월경지 귀속에 관해서만 논의되고 있으며, 이마저도 아르메니아가 이행하고 있지 않아서 여전히 분쟁의 불씨가 남아 있습니다.

26

세르비아에 둘러싸인 보스니아 헤르체고비나의
메주르예체

1) 유럽의 화약고를 넘어 세계의 화약고 발칸반도

발칸Balkan은 '산맥'이라는 뜻의 튀르키예어로서, 발칸반도는 유럽의 가장 동쪽에 위치합니다. 지명처럼 대부분이 산지지형이지요. 북쪽으로는 다뉴브강 하류와 사바강, 동쪽으로는 흑해와 남쪽으로는 에게해, 이오니아해, 서쪽으로는 아드리아해로 둘러싸여 있습니다. 이곳에 위치한 국가로는 슬로베니아, 크로아티아, 보스니아 헤르체고비나, 세르비아, 몬테네그로, 코소보, 알바니아, 북마케도니아, 불가리아 등이 있습니다.

발칸반도는 유럽의 화약고, 심지어 세계의 화약고로 불립니다. 그만큼 분쟁의 소지가 다분한 장소라는 의미지요. 제1차 세계대전이 발발한 것도 이곳에서의 분쟁에서 비롯되었을 뿐만 아니라, 그 전후로도 끝없는 갈등과 분쟁의 터전이 되어 왔습니다. 그로 인해 어떤 나라나 지역이 서로 적대적인 작은 나라나 지역으로 쪼개지는 현상을 나타내는 '발칸화'라는 용어가 만들어지기도 했지요.

이곳이 유럽의 화약고, 세계의 화약고란 별칭을 갖게 된 까닭은 무엇일까요?

발칸반도의 국가들

발칸반도에 거주하는 민족은 슬로베니아인, 크로아티아인, 세르비아인을 포함하는 슬라브족과 루마니아인, 튀르키예인, 알바니아인, 그리스인이 주류를 이루고 있으며, 그 외에도 많은 소수민족이 있습니다. 종교적으로는 그리스 정교회를 믿는 사람이 가장 많고, 개신교도, 이슬람교도도 다수를 차지하고 있습니다.

　이렇게 다양한 민족과 종교가 혼재한다는 것만으로도 이미 갈등의 소지를 품고 있음은 두말할 나위가 없습니다. 세계 역사를 돌아보아도 민족 간 분쟁과 종교 간 분쟁이 가장 흔합니다. 게다가 발칸반도는 동부유럽과 중남부유럽, 중동과 아시아를 잇는 관문 역할을 하는 곳입니다. 이러한 지정학적 위치는 그리스

로마 시대부터 다양한 국가와 민족 사이에 가교 역할을 하며 이어져 왔습니다. 그런 까닭에 이 지역의 지배권은 수많은 민족에게 옮겨 가면서 현대에 이르게 되었습니다.

발칸반도에서는 제1차 세계대전이 시작되기 전인 1912년부터 이듬해까지 이미 두 차례 군사 충돌이 있었습니다. 그 무렵 강대국인 오스트리아·헝가리 제국의 세력 팽창을 견제하기 위해 체결된 발칸동맹 회원국(불가리아, 세르비아, 그리스, 몬테네그로)과 오스만 제국 사이에 제1차 발칸전쟁이 발발했는데, 이 전쟁에서 패한 오스만 제국은 유럽에 보유하고 있던 대부분의 영토를 상실하게 되었습니다. 그러나 이것이 끝은 아니었습니다. 전쟁에서 얻은 영토의 분할을 놓고 불가리아와 나머지 동맹국 사이에 갈등이 발생해 1913년 제2차 발칸전쟁이 일어났고, 불가리아는 패하고 말았습니다.

물론 발칸 지역의 불화가 이로써 종말을 고한 것은 아니었습니다. 1914년 6월 남슬라브족 출신의 세르비아 청년이 사라예보를 방문 중인 오스트리아·헝가리 제국의 황태자 프란츠 페르디난트 공을 암살한 것입니다. 이 사건이 도화선이 되어 제1차 세계대전이 발발하였고, 이는 발칸반도의 갈등을 넘어 막 출범한 자본주의 세계 질서의 주도권 싸움으로 확대되었습니다.

제1차 세계대전 이후 슬로베니아, 크로아티아, 보스니아 헤르체고비나, 세르비아, 몬테네그로, 마케도니아는 본래 유고슬라비아, 즉 '남슬라브족의 땅'이란 이름의 연방 국가에 속해 있었습니다. 특히 강력한 지도력을 지닌 요시프 티토 Josip Broz Tito 대통령 재임 시기(1953~1980년)에는 유고슬라비아 연방 내에 존재하는 모든 민족으로 구성된 공동체 내에서 평등하고 상호 신뢰를 바탕으로 한 공화정을 시행함으로써 모든 민족을 하나로 아우를 수 있었습니다.

티토는 공산주의자였음에도 반소련, 독자 노선을 추구했기 때문에 그 무렵 소련의 지도자인 스탈린으로부터 환영받지 못했습니다. 그의 이러한 사상을 세계인들은 티토이즘Titoism이라고 불렀는데, 이는 자주주의적, 민족주의적 공산주의라고 합니다. 티토는 냉전 시대, 즉 미국과 소련 사이의 대립으로 유지되던 세계 질서 속에서 그 어느 쪽에도 속하지 않고 독자적인 길을 추구하던 나라들의 모임인 비동맹회의를 인도 수상 네루Pandit Jawaharlal Nehru, 이집트 대통령 나세르Gamal Abdel Nasser와 함께 처음 소집함으로써 오늘날까지 제3세계라는 명칭으로 불리는 전 지구적 차원의 독자적인 세력을 탄생시키기에 이릅니다. 자신의 정치적 이념을 세계적 차원에서 실천에 옮겼던 것입니다. 이처럼 세계인을 통합할 만한 능력을 갖춘 그였기에 발칸반도의 평화를 유지할 수 있었습니다. 그러나 1980년 그가 사망하자 유고슬라비아는 각 민족의 집단지도 체제로 바뀌었고, 얼마 가지 못해 사회주의권 붕괴의 소용돌이 속에서 여러 민족 국가로 쪼개지게 됩니다.

유고슬라비아가 1991년 이후 해체되면서 세르비아인에 의해 인종 청소란 이름 아래 25만 명의 인명이 살상된 보스니아 전쟁(1992~1995년), 세르비아군의 알바니아인 학살로 인해 야기된 코소보 전쟁(1998~1999년) 등으로 볼 때 아직도 발칸반도에 진정한 평화가 수립되었다고 보기에는 이른 감이 있습니다.

2) 세르비아 속 보스니아 헤르체고비나의 월경지, 메주르예체

메주르예체Međurječje는 세르비아, 보스니아 헤르체고비나, 몬테네그로가 만나는 국경에서 불과 15km 정도 떨어진 곳에 위치한 작은 마을입니다. 메주르예체는 세르비아 영토에 둘러싸인 보스니아 헤르체고비나의 땅입니다. 즉 메주르예체는 보스니아 헤르체고비나의 월경지인 셈이지요.

이 지역에서 전해지는 유명한 이야기가 하나 있습니다. 이 이야기에 메주르예체가 월경지가 된 이유가 나옵니다. 보스니아인 베이Bey에게는 아내가 여럿 있었습니다. 그는 그중 한 명의 아내에게 세르비아의 프리보이Priboj 부근에 있는 약 4km²의 땅과 숲을 결혼 선물로 주었습니다. 오스트리아·헝가리 제국과 오스만 제국 간에 경계가 설정되었을 때, 이 땅은 당시 합스부르크 제국이 점령했던 보스니아로 합병되었습니다. 그 후 줄곧 이 땅은 보스니아 헤르체고비나의 루도Rudo 자치구의 일부였습니다. 그동안에 메주르예체라는 마을이 그곳에 만들어졌습니다.

유고슬라비아가 연방을 구성하고 있는 동안, 어느 땅이 어느 공화국이나 지방에 속해 있는지는 별로 중요하지 않았습니다. 그래서 메주르예체는 이곳을 위해 도로, 전기, 학교, 경찰 등의 서비스를 제공했던 세르비아의 프리보이 지방 당국의 것이었습니다. 이것이 주민들이 세금은 루도에 내지만 다른 모든 공공요금은 세르비아의 프리보이에 지불하는 상황을 만들었습니다.

메주르예체는 보스니아 헤르체고비나를 구성하는 스릅스카 공화국에서 1km도 채 안 되는 거리에 있습니다. 이곳의 주민들은 대부분 세르비아인이거나 이중 시민권을 가지고 있습니다. 메주르예체의 어린이는 메주르예체에 위치하지만 세르비아의 교육 과정을 따르는 초등학교에 다닙니다.

또 다른 특이한 점은 메주르예체는 미오체Mioče에 있는 루도 지방의회가 관리하지만, 세르비아의 사스타브치Sastavci 마을의 지방의회가 메주르예체 마을에 위치하고 있다는 사실입니다. 사스타브치 마을은 메주르예체의 국경을 따라 세르비아에 위치하고 있습니다. 메주르예체와 사스타브치는 서로 인접해 있고 국경도 불명확하기 때문에 국경이 공식적으로 이들을 분할하더라도 여러 면에서 메주르예체 마을과 사스타브치 마을은 하나의 주거지로 기능합니다.

메주르예체는 종교적으로도 고립되어 있습니다. 주변 마을들은 그리스정교의 밀레셰바Mileševa 대교구에 속하지만, 메주르예체는 세르비아정교의 다바르보스니아Dabar-Bosnia 메트로폴리탄 지역에 속합니다.

중요한 지방도가 메주르예체를 통과하는데, 그것은 프리보이 지방 자치구에

메주르예체 위치

있는 몇몇 마을의 주민들이 프리보이에 있는 행정센터에 갈 때 문제를 일으킵니다. 이 문제에 대한 해결책은 아직 합의되지 않았습니다. 세르비아는 국경을 바로잡기 위해 보스니아 헤르체고비나에 영토 교환을 제안하고 있습니다. 반면 보스니아 헤르체고비나는 루도와 메주르예체 간 회랑을 설치하는 것이 더 나은 해결책이라고 믿고 있습니다.

27

평생 독일을 떠난 적 없는 칸트는
왜 죽어서 러시아에 있게 되었을까?

　러시아는 세계에서 영토가 가장 넓은 국가입니다. 그리고 두 대륙, 유럽과 아시아로 뻗어 있습니다. 러시아는 많은 자치공화국, 종교, 다른 영토로 구성됩니다. 심지어 러시아는 본국과 분리된 몇몇 월경지를 가지고 있습니다.

1) 벨라루스에 있는 러시아 월경지, 산코보메드베지예

　벨라루스 영토에 러시아의 월경지 산코보메드베지예San'kovo-Medvezh'ye가 있습니다. 이 월경지는 벨라루스 남동부에 위치한 고멜Gomel에서 동쪽으로 대략 35km 떨어진 곳에 있으며, 모스크바에서 남서쪽으로 약 530km 떨어진 곳에 있습니다. 이 월경지는 면적이 약 4.5km^{2}이며, 사람은 살지 않습니다. 두 개의 작은 마을로 이루어져 있지만 이들 마을은 150km 떨어진 체르노빌 원자력 발전소의 방사능 유출 이후 폐허가 되었습니다. 현재 이 지역은 주거는 물론이고 다른 경제 활동도 완전히 금지되어 있습니다.

　이 월경지가 어떻게 형성되었는지에 관한 몇몇 이야기가 있습니다. 이 지역

러시아의 월경지들

은 현재 러시아 지도에서는 거의 보이지 않는 것이 사실입니다. 러시아를 보여주기 위해 사용되는 축척에 비해 너무 작기 때문입니다. 또 한편으로는 이 지역에 대한 러시아 당국의 무관심 때문입니다. 요즘 이 마을을 찾는 사람은 도둑뿐입니다. 도둑들은 거의 모든 집들의 문, 창문, 심지어 벽돌 등을 분해해 가져갔습니다. 그리고 밀렵꾼들은 벨라루스의 사냥철이 아닐 때 사냥을 위해 이 월경지를 사용합니다. 러시아 경찰은 이곳에 관심이 없고, 벨라루스 경찰은 그 지역에 대한 관할권을 가지고 있지 않기 때문입니다. 이러한 상황은 두 슬라브 민족이 이 월경지를 어떻게 활용할 것인가에 대한 합의가 이루어질 때까지 계속될 것입니다.

2) 에스토니아에 있는 러시아 월경지, 더브키, 루테페에 트라이앵글과 새츠부츠

에스토니아와 러시아의 국경에 있는 페이푸스호Peipus Lake의 남쪽 지역인

세상에 이런 국경

프스코프Pskov의 호숫가에 현재는 사람이 살지 않는 작은 마을인 더브키Dubki가 있습니다. 이 마을은 1920년대부터 제2차 세계대전 말까지 독립 에스토니아에 속했던 반도에 위치하고 있습니다. 제2차 세계대전 이후, 더브키는 주위 일부 영토와 함께 러시아에 합병되었습니다. 오늘날 더브키는 육로로는 러시아에서 에스토니아를 통과해야만 접근할 수 있습니다. 그러나 더브키는 페이푸스호를 통해 러시아 본토와 연결됩니다. 그것은 더브키가 유사월경지라는 것을 의미합니다.

더브키에서 남쪽을 향해 달리는 도로는 꽤 흥미롭습니다. 이 에스토니아 도로는 러시아 월경지 더브키와의 국경에 있는 포포비스타Popovista 마을에서 시작해 그 후 베르스카Värska, 루테페에Lutepää, 세스니키Sesniki 마을을 통과해 남쪽으로 향합니다. 이 도로를 특이하게 만드는 것은 일부 구간이 러시아의 영토를 통과한다는 것입니다. 먼저 베르스카 마을과 루테페에 마을 사이에 있는 루테페에 트라이앵글Lutepää Triangle로 알려진 약 50m의 구간이 러시아 영토를 통과합니다. 그다음 루테페에 마을과 세스니키 마을 사이에서 새츠부츠Saatse Boot로 알려진 약 1km 구간이 러시아 영토를 통과합니다.

에스토니아 사람들이 러시아의 월경지를 통과해 운전하는 데는 특별한 허락

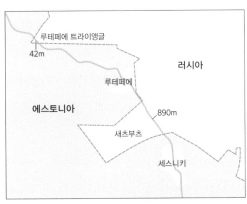

러시아 영토를 지나는 에스토니아의 도로

이나 비자가 필요하지는 않습니다. 그러나 차량을 정차해서는 안 됩니다. 휘발유가 떨어져 차가 멈춘다 해도 운전자는 러시아 경찰의 조사를 받습니다. 이 지역을 걷는 것도 허용되지 않습니다. 2005년 에스토니아와 러시아는 영토 교환을 통해 이 어색한 국경선을 바로 잡기로 했습니다. 그러나 2022년 현재까지 조약은 비준되지 않았고, 따라서 어색한 국경선은 여전히 유지되고 있습니다.

3) 독일 철학자 칸트가 태어나 살았던 러시아 월경지, 칼리닌그라드

칼리닌그라드는 유럽에서 가장 큰 러시아의 월경지입니다. 칼리닌그라드는 면적이 약 15,000km²이며(서울의 1/3 정도 크기), 약 100만 명의 주민이 살고 있습니다. 칼리닌그라드는 북쪽과 동쪽으로는 리투아니아, 남쪽으로는 폴란드, 서쪽으로는 발트해에 둘러싸여 있습니다. 러시아와 가장 가까운 지점조차도 350km 이상 떨어져 있습니다.

제2차 세계대전까지 칼리닌그라드는 프로이센의 유서 깊은 도시 쾨니히스베르크Königsberg였습니다. 제2차 세계대전 이후 러시아는 독일 동프로이센의 북쪽 절반을 차지했습니다. 그 당시까지 이 지역에 살던 독일 주민은 추방당했고, 러시아와 일부 우크라이나, 벨라루스 이주민이 빈 도시를 채웠습니다. 이 도시 이름은 1919년부터 1946년 죽을 때까지 러시아와 소비에트 연방의 지도자였던 미하일 칼리닌Mikhail Kalinin을 기념해 칼리닌그라드로 바뀌었습니다. 칼리닌의 이름에 마을이나 성을 뜻하는 슬라브어 '그라드Grad'를 붙인 지명입니다. 칼리닌그라드의 경제는 부동항, 유럽연합과의 근접성으로 인해 활기를 띠었습니다. 칼리닌그라드는 또한 전 세계 호박amber 매장량의 90%를 차지하며, 자동차 산업과 관광 산업이 발달해 있습니다.

소련이 해체되면서 라트비아, 리투아니아, 벨라루스 등 주변 국가는 모두 독립을 했는데, 왜 이 지역만 러시아 영토로 남아 있는 것일까요? 러시아 본토와

칸트의 무덤이 있는 칼리닌그라드의 쾨니히스베르크 대성당

거리도 꽤 있는데 말입니다. 또한 러시아 영토라고 해도 스탈린그라드나 레닌그라드처럼 사회주의 혁명에 공을 세운 인물의 이름을 딴 지명을 폐지하고 볼고그라드, 상트페테르부르크와 같이 본래의 지명으로 되돌린 것을 생각할 때 여전히 칼리닌그라드로 불리는 것도 의아합니다.

칼리닌그라드만 여전히 러시아 영토로 남아 있는 까닭은 독일 통일과 관련 있습니다. 소련은 독일 통일 과정에서 이 지역을 영구히 소련의 영토로 한다는 조건으로 동서독의 통일을 승인해 주었습니다. 오랫동안 프로이센의 수도로서 독일인에게 역사적으로 중요한 이 도시는 이로써 완전히 러시아의 땅이 되었습니다. 독일 통일 후 이듬해 소련이 해체되면서도 이 지역은 그대로 러시아령으로 남았고, 주변국들은 독립해 러시아 본토와 동떨어지게 되었습니다. 그래서 지금은 '러시아 대륙의 섬'으로 불린다고 합니다.

또 하나 재미있는 사실은 독일의 유명한 철학자 이마누엘 칸트Immanuel Kant가 이곳에서 태어나고 이곳을 한번도 떠난 적이 없으며 이곳에 묻혔다는 것입니다. 살아생전 이곳 독일을 떠나 본 적 없는 칸트가 죽어서 러시아에 있다는 것을 알면 어떤 기분일까요?

4) 러시아의 다른 월경지들

러시아에서 멀리 남쪽에 위치한 코카서스 국가 아제르바이잔에도 러시아의 월경지였던 두 마을이 있습니다. 1954년 소련에 속해 있던 아제르바이잔은 크라호바Khrakhoba 마을과 우라노바Uryanoba 마을을 마찬가지로 소련에 속한 다게스탄Dagestan에 30년간 임대합니다. 이 마을들은 목축업에 이용되었다고 합니다. 30년이 지난 1984년 20년을 추가로 임대하기로 합의했는데, 20년이 되기 전 소련이 해체되었고, 2004년 임대가 만료된 이후 6년간 귀속 문제가 해결되지 않았습니다. 다행히 2010년 아제르바이잔 알리예프Aliuev 대통령과 러시아 메드메데프 대통령은 두 마을을 아제르바이잔에 돌려주기로 공식적으로 합의했습니다. 두 마을에 살던 다케스탄 사람들 중 일부는 고국인 다케스탄으로 이주했으며 일부는 아제르바이잔 시민권을 취득하기도 했습니다.

카자흐스탄 영토 내에 있는 또 하나의 흥미로운 지역은 러시아의 일시적인 월경지로 볼 수 있습니다. 이 지역은 카자흐스탄이 2050년까지 러시아에 임대한 바이코누르 우주기지Baikonur Cosmodrome를 둘러싼 타원형의 땅입니다. 처음 건설 당시에는 카자흐스탄이 소련에 속해 있었기 때문에 문제가 없었지만, 소련 해체 후 러시아는 매년 1억 달러 이상의 임대료를 카자흐스탄에 지불하고 있습니다. 이 우주기지에서 세계 최초의 인공위성 스푸트니크 1호가 발사되었으며, 유리 가가린이 탑승한 세계 최초의 유인 우주선도 발사되었습니다. 러시아뿐만 아니라 인류 우주 개발 역사에서 의미 있는 곳이지요. 이 월경지는 약 6,000km²라는 어마어마한 면적을 차지하고 있고, 시장은 카자흐스탄과 러시아 대통령의 상호 합의를 거쳐 지명됩니다.

28

에스토니아와 라트비아의 분단 도시,
발가와 발카

국경은 새로 생길 수도, 없어질 수도, 이동할 수도 있습니다. 때로는 그러한 국경의 변화 때문에 새로운 국경이 예기치 않은 장소를 통과하여 그어질 수도 있습니다. 예를 들면 한 도시를 관통하여 그어질 수 있습니다. 발트 3국에 속하는 에스토니아와 라트비아 국경에 있는 한 도시에서 그 예를 찾아볼 수 있습니다.

발트 3국이란 유럽과 스칸디나비아반도를 구분하는 발트해 남동 해안에 위치한 에스토니아, 라트비아, 리투아니아를 말합니다. 발트 3국은 18세기에는 러시아의 지배를 받다가 러시아 혁명으로 1917년에 세 개의 공화국으로 독립했습니다. 그러나 제2차 세계대전이 시작되면서 1940년 소련에 합병되었으며, 그 이후로 1941~1944년 독일군이 점령하던 시기를 제외하고는 1991년까지 소련에 속해 있었습니다.

발크Walk는 중세 시대에 독일 기사들이 세운 도시입니다. 중세 독일 기사들은 오늘날의 발트 3국에 해당하는 지역을 통치했습니다. 이 도시는 거의 2세기

에스토니아와 라트비아 국경

동안 리보니아 동맹Livonian Confederation의 의회가 있던 곳이며, 독일 기사단의
가장 중요한 도시 중 하나였습니다. 20세기 초 에스토니아와 라트비아가 차례
로 독립한 이후, 두 나라는 서로 발크에 대한 영유권을 주장했습니다. 무력 충돌

세상에 이런 국경

의 위기까지 갔으나 다행히 국제 사회의 중재로 에스토니아가 대부분의 면적을 얻고 라트비아가 일부를 차지하는 것으로 합의되었습니다. 에스토니아는 자신의 지역을 발가Valga로, 라트비아는 자신의 지역을 발카Valka로 불렀습니다. 라트비아는 발카에서 독립을 처음으로 선언하였고, 라트비아의 적색–백색–적색의 국기가 게양되었습니다.

제2차 세계대전 이후 에스토니아와 라트비아는 소련에 강제적으로 합병되면서 이전의 국경은 연방 내 경계가 되어 사실상 국경이 폐지되었습니다. 이러한 상황은 에스토니아와 라트비아가 다시 독립한 1990년대까지 지속되었습니다. 소련이 약화되던 1991년 두 나라는 독립했고, 국경은 다시 한번 도시를 가로질렀습니다. 새로운 철조망이 쳐졌고, 주민들은 길 건너편의 이웃을 만나기 위해서는 여권이 필요했습니다. 다행히도 이러한 상황은 21세기에 막을 내렸습니다. 두 국가는 유럽연합에 가입했고, 조금 지나 셍겐 조약에 가입했습니다.

그때부터 발가와 발카 지역의 개발이 속도를 내기 시작했습니다. 두 국가는 국경을 해체하고, 국경 건널목과 울타리를 제거하였으며, 두 도시를 점점 통합하기 시작했습니다. 이후 교통과 같은 도시 서비스는 완전히 통합되었습니다. 또한 유로의 도입은 주민들의 삶을 보다 편리하게 만들었습니다. 도시의 모토는 '한 도시, 두 나라One Town, Two Countries'입니다. 발가는 오늘날 13,000명의 주민이 살고 있고 면적은 약 16km²입니다. 반면, 약간 더 작은 발카는 6,000명의 주민이 14km²의 면적에 살고 있습니다.

29

전쟁으로 나뉜 이탈리아의 고리치아와 슬로베니아의 노바고리차

알프스에서 발원하여 아드리아해의 북쪽으로 흘러내리는 소차강Soča River의 계곡은 살기에 매우 쾌적한 장소이며, 고급 와인 생산지로 알려져 있습니다. 주변을 둘러싸고 있는 산과 언덕이 이 지역을 보라bora로 알려진 차가운 북풍으로부터 막아 줍니다. 이 계곡이 아드리아해를 향해 남쪽으로 열려 있기 때문에 따뜻한 공기가 유입되어 온화한 지중해성 기후를 띱니다. 그러므로 일찍부터 사람들이 이곳에서 정착해 살았습니다.

이 계곡에는 슬라브어로 '작은 언덕'을 뜻하는 고리치아Gorizia라는 마을이 있습니다. 16세기 이후 합스부르크 왕가가 통치하는 동안 고리치아는 빠르게 발전했고 프리울리어Friulian, 베네치아어Venetian, 독일어German, 슬로베니아어 Slovene 등 다양한 언어가 사용되는 중요한 다민족 도시가 되었습니다. 이후 19세기 초 고리치아는 오스트리아 귀족에게 인기 있는 관광지가 되었으며, '오스트리아의 니스'라는 별명을 얻었습니다.

제1차 세계대전 동안 이탈리아는 연합군 편에 서서 싸웠고, 치열한 전투가 고

고리치아와 노바고리차 위치

리치아 주위에서 이탈리아 군대와 오스트리아·헝가리 제국 군대 간에 벌어졌습니다. 전쟁 후, 고리치아는 단명한 슬로베니아·크로아티아·세르비아 국가 연합(이후 유고슬라비아 왕국의 일부)에 속하고 싶은 주민과 합스부르크의 통치하에 자치 지역으로 남고 싶어 하는 주민들이 대립하는 분쟁 지역이 되었습니다. 이러한 분쟁은 이탈리아 군대가 고리치아를 장악하면서 끝났습니다. 이후 고리치아는 이탈리아 영토가 되었고, 슬로베니아어의 완전한 사용 금지(심지어 묘비의 이름도 이탈리아어로 새겨져 있습니다)와 함께 슬로베니아인에 대한 극단적인 이탈리아화가 진행되었습니다.

제2차 세계대전 동안 고리치아는 유고슬라비아 파르티잔에 의해 해방되었지만 연합군에게 이양되었습니다. 전쟁이 끝난 후 1947년 고리치아 대부분은 이탈리아에 귀속되었고, 고리치아 북부 교외와 주변 마을은 유고슬라비아에 양도되었습니다. 유고슬라비아 정부는 고리치아와 이탈리아와의 국경 바로 옆에 새로 획득한 땅에 새로운 고리치아라는 뜻의 노바고리차Nova Gorica라는 새로운 도시를 짓기로 결정했습니다. 노바고리차는 이듬해에 모더니즘 건축의 원리에

이탈리아 고리치아와 슬로베니아 노바고리차의 국경 표시(출처: 위키미디어)

따라 빠르게 지어졌습니다. 1948년에 건설을 시작하여 1952년에 공식적으로 도시로 선언되었고, 도시 주변으로는 주거지들이 생겨났습니다.

고리치아와 관한 한 이탈리아와 유고슬라비아(이후 슬로베니아)의 관계는 대체로 좋았습니다. 냉전 시대에도 문화, 스포츠 행사 교류를 통해 협력했습니다. 고리치아에 슬로베니아 공동체가 있었기 때문에 교류가 활발할 수 있었지요. 슬로베니아가 유럽연합과 셴겐 조약에 가입한 후, 두 도시를 분할하는 국경은 완전히 해제되었으며 자유로운 이동이 허용되었습니다. 다음 단계, 즉 고리치아와 노바고리차의 점진적인 합병은 이미 시작되었습니다. 2011년 5월부터 고리치아와 노바고리차, 슬로베니아의 도시 셈페테르브르토이바Šempeter-Vrtojha 는 정기적으로 공동 시의회를 운영하며 공동 개발 전략을 통해 지역 경제 발전을 꾀하고 있습니다. 이들 세 도시는 이미 연속적인 도시 주거지를 형성하고 있어 통합은 어쩌면 당연한 수순입니다.

5장

새로운 국경 설정과 월경지

30
벨기에의 철로는 어떻게 독일 영토를 관통하게 되었을까?

벨기에에는 다섯 개나 되는 독일의 월경지가 있습니다. 이러한 월경지가 만들어지게 된 까닭은 모두 '펜반Vennbahn'이라는 철로 때문입니다.

벨기에는 일반적으로 네덜란드어를 사용하는 북부 플랑드르Flandre 지역과 프랑스어를 사용하는 남부 왈롱Wallon 지역으로 나뉜 나라로 알려져 있지만, 사실 세 개의 언어 공동체로 이루어진 나라입니다. 벨기에 동부, 독일과의 접경 지역 부근에 독일어를 사용하는 곳이 있거든요. 19세기 말에는 현재 벨기에 동부 지역이 독일, 엄밀히 말하면 프로이센의 영토였습니다. 이 지역은 샤를마뉴 대제가 신성 로마 제국의 수도로 삼았던 아헨의 남쪽에 있으며, 평범해 보이는 펜반 철도가 횡단했습니다. 펜반 철도는 벨기에와의 국경을 따라 독일 내에 놓여 있었습니다.

제1차 세계대전 직후, 패전국인 독일은 1919년 베르사유 조약을 통해 상당 부분의 영토를 독립시키거나 주변국에 할양합니다. 벨기에에는 외펜Eupen과 말메디Malmedy 지역을 양도해야 했습니다. 이때 벨기에는 이들 지역을 지나는

벨기에

독일

단 한 집을 위해 국경선이 존재하는 벨기에 영토 안의 독일의 월경지 뤼크슐라크

펜반이 경제적으로 중요하다고 생각해 연합군에게 이를 요구했고, 연합군은 이를 받아들였습니다. 그래서 펜반 철도 전체 노선은 철로 양옆의 몇 미터와 함께 벨기에의 영토가 되었습니다. 이로 인해 벨기에 영토 안에 다섯 개의 독일 월경지가 생겨났습니다.

시간이 지남에 따라 이들 월경지 중 일부는 한 나라 혹은 다른 나라로 흡수되었고, 일부는 모양이 변했으며, 일부는 면적이 증가하거나 감소했으며, 일부는 합병되거나 분리되었습니다. 짧은 시기 동안 심지어 독일 월경지 내에 작은 벨기에 월경지가 있기도 했습니다. 오늘날까지 남아 있는 벨기에 영토 내 독일의 다섯 개 월경지는 뮌스터빌트헨Münsterbildchen, 뢰트겐Roetgen, 뤼크슐라크 Rückschlag, 뮈체니히Mützenich, 뤼츠호프Ruitzhof입니다. 독일과 벨기에는 모두 유럽연합의 구성원입니다. 따라서 그들의 국경 문제는 과거보다 상당히 덜 이슈가 되고 있습니다. 남아 있는 다섯 개의 독일 월경지 규모는 다양합니다. 가장 큰 월경지 뢰트겐은 면적이 약 12km²인 반면, 가장 작은 월경지 뤼크슐라크는 약 0.015km²밖에 되지 않고 집 한 채와 정원, 집 주위의 작은 초지가 전부입니

벨기에 영토에 있는 독일의 다섯 개 월경지. 독일 본토와 월경지 사이 좁은 벨기에 땅이 과거 펜반 철도가 지나던 곳입니다.

오늘날 펜반. 대부분 철로가 철거되고 자전거 도로나 산책로로 이용되고 있습니다. 자전거 도로는 벨기에 영토, 양 옆은 독일 영토입니다.

다. 대문 밖은 다른 나라, 벨기에입니다. 우리집 대문과 담벼락이 국경인 것이죠! 다시 독일 땅으로 들어서려면 나무 몇 그루와 자전거 길을 지나 20m 정도를 걸어가면 됩니다.

펜반 철도는 처음에 석탄과 철광석 운송을 위해 사용되었습니다. 이후 펜반 철도는 관광지가 되었지만, 시간이 지남에 따라 그 기능 역시 잃었습니다. 오늘날 철도의 대부분은 철거되었고, 그 노선의 가장 큰 구역은 녹음으로 우거진 시골길을 지나는 인기 있는 자전거 도로와 산책로로 이용되고 있습니다.

21세기 초 더 이상 이 철로를 사용할 수 없었기 때문에 펜반이 통과하는 땅을 독일에 돌려주어야 한다는 주장이 있었습니다. 그러나 최근 벨기에와 독일의 수상은 벨기에와 독일의 국경은 오랫동안 명확하게 규정되어 왔으며, 지금 그것을 변화시킬 이유가 전혀 없다고 했습니다.

31

미국과 캐나다의 독특한 국경

세계에서 가장 긴 미국과 캐나다의 국경은 겉보기에는 매우 단순해 보입니다. 오대호와 세인트로렌스강에서는 국경이 다소 복잡하지만, 나머지 대부분의 구간은 일직선입니다. 그러나 북미 지도를 충분히 확대해 보면 이러한 매우 긴 국경선(미국 본토와 캐나다 간에 약 8,900km, 이에 더해 알래스카와 캐나다 간의 2,500km)에 약간 비논리적이고 특이한 지점이 있다는 것을 알 수 있습니다.

1) 캐나다 속 미국, 포인트로버츠

캐나다와 미국의 국경에서 특이한 장소 중 하나는 포인트로버츠Point Roberts입니다. 포인트로버츠는 미국 북서부 워싱턴주에 속하며, 캐나다 트소와센Tsawwassen반도의 남부에 위치하고 있습니다. 이곳은 한반도의 축소판 같기도 한데, 반도를 가로지르는 국경선 남쪽은 미국의 포인트로버츠, 북쪽은 캐나다의 델타Delta입니다. 따라서 트소와센반도의 남쪽에 있는 포인트로버츠에서 미국 본토로 육로를 이용해 가려면 반드시 캐나다 영토를 통과해야 합니다. 이러

한 특이한 상황이 발생한 것은 위선에 따라 국경을 설정한 것에 기인합니다. 캐나다와 미국 국경 설정에 따라 북위 49°선을 기준으로 남쪽의 모든 육지는 미국에 속하고, 북쪽의 모든 육지는 캐나다에 속합니다. 물론 이러한 규칙에는 몇몇 사소한 불일치가 있기는 합니다.

포인트로버츠는 면적이 약 12km²이며 1,500명 정도의 주민이 살고 있습니다. 그런데 여름이 되면 인구가 일시적으로 4,500명으로 갑자기 증가합니다. 그 이유는 캐나다 사람들이 이곳에 많은 별장을 소유하고 있기 때문입니다.

포인트로버츠에는 저학년 어린이를 위한 초등학교만 있습니다. 따라서 미국 시민권을 가진 고학년 어린이들은 학교 버스를 타고 40km 떨어진 미국과 캐나다의 국경에 있는 도시 블레인Blaine에 갑니다. 반면 캐나다 어린이들은 가까운 델타에 있는 학교에 다닙니다. 포인트로버츠에는 미국 본토와 직접 연결하는 작은 공항과 항구가 있으며, 통신 서비스는 미국과 캐나다 회사 모두에서 제공합니다. 포인트로버츠의 많은 주민은 근처 밴쿠버에서 오는 관광객에게 서비스를 제공해 생계를 유지합니다. 포인트로버츠가 관광객들에게 주는 매력은 주변 지역보다 더 온화하고 쾌적한 기후입니다.

2) 캐나다 속 미국, 노스웨스트앵글

포인트로버츠 외에도 미국과 캐나다의 국경에는 몇몇 특이한 장소들이 있습니다. 노스웨스트앵글Northwest Angle은 매우 특이한 장소입니다. 지역 주민들은 이곳을 간단히 앵글Angle이라고 부릅니다. 노스웨스트앵글은 사실상 알래스카를 제외하면 북위 49°선 북쪽에 있는 미국의 유일한 영토입니다. 다시 말해

노스웨스트앵글 위치

노스웨스트앵글 국경에 설치된 작은 부스. 이곳에서 세관원에게 전화를 걸어야 국경을 통과할 수 있습니다.

우즈호Lake of the Woods에 위치하고 있는 노스웨스트앵글은 미국 본토에서 가장 북쪽에 있는 셈입니다. 노스웨스트앵글도 포인트로버츠와 마찬가지로 미국 본토에서 육로로 가려면 반드시 캐나다 영토를 통과해야 합니다. 국경선을 설정할 당시 미시시피강과 우즈호의 지리를 정확히 알지 못해 이러한 국경선이 그어졌다고 합니다. 노스웨스트앵글의 면적은 약 320km²이며, 인구는 약 150명입니다.

노스웨스트앵글과 캐나다 사이의 국경을 넘는 방법이 또한 독특합니다. 캐나다에서 국경을 넘어 노스웨스트앵글로 들어가려면 작은 부스에 있는 비디오폰으로 미국 세관원에게 전화를 걸어야 합니다. 반대로 노스웨스트앵글에서 캐나다를 방문하는 사람들은 캐나다 세관원에게 전화를 해야 합니다.

3) 독특한 미국과 캐나다의 국경

북아메리카 대륙 서부에서는 위도 49°선을 경계로 미국과 캐나다의 국경이 단조롭게 설정되어 있습니다. 그러나 노스웨스트앵글 동쪽으로는 오대호를 따라 국경이 다소 복잡하게 나타납니다. 대체로 오대호 북쪽은 캐나다, 남쪽은 미국의 영토지만 간혹 본토와 분리된 지역이 존재합니다. 생레지스Saint-Régis는 미국 본토에서 북쪽으로 조금 돌출한 지역에 있는 캐나다의 월경지입니다. 북쪽으로는 세인트로렌스강이 흐르고 남쪽으로는 미국 뉴욕주의 세인트레지스St. Regis입니다. 이 월경지를 포함한 주변 일대는 사실 아메리카 원주민 모호크족이 살던 곳으로 현재 원주민 보호구역 성격의 아크웨사스네Akwesasne라는 별도의 정치 체제를 가지고 있습니다. 국경으로 나뉘어져 있기는 하지만 이곳 주민들은 하나의 공동체라는 인식이 강하다고 합니다.

동쪽으로 좀더 이동하면 국경에서 미국 쪽으로 겨우 넘어 온 아주 작은 월경지가 있습니다. 샘플레인호Lake Champlain에 있는 프로빈스포인트Province Point

생레지스 위치와 아크웨사스네

⬅ 미국−캐나다 국경선이 지나는 해스컬 도서관·오페라하우스
➡ 해스컬 도서관·오페라하우스 내부에 표시된 국경선

라는 곳으로 면적은 0.01km²에 지나지 않으며, 사람은 살지 않고 있습니다. 이곳은 미국 버몬트주에 속하며 북쪽은 캐나다 퀘벡주입니다.

캐나다 퀘벡주의 스탠스테드Stanstead와 미국 버몬트주의 비비플레인Beebe Plain은 도로를 사이에 두고 있습니다. 다시 말해 국경이 좁은 도로를 지나는 것이죠. 이곳에는 해스컬 도서관·오페라하우스Haskell Free Library Opera House가 있는데 이는 20세기 초에 오픈했습니다. 미국과 캐나다가 문화적으로 더 친숙해지도록 의도적으로 국경에 걸치도록 지은 것입니다. 이 도서관의 거의 모든 책과 오페라하우스의 무대는 캐나다 쪽에 위치하고 있습니다. 따라서 이 건물은 책이 없는 유일한 미국 도서관이며, 무대가 없는 유일한 미국 오페라 극장입니다. 국경은 건물 내부를 가로질러 검은 선으로 표시되어 있습니다.

32

바위섬에 그어진 스웨덴과 핀란드의 국경

　북유럽이라 하면 덴마크, 노르웨이, 핀란드, 스웨덴 등 스칸디나비아반도와 그 주변 국가를 말합니다. 이들 국가 중 핀란드와 스웨덴의 국경은 좀 독특합니다. 세계 지리에 관심 있는 사람이라면 핀란드와 스웨덴이 북쪽에서 서로 국경을 맞대고 있다는 것을 알 것입니다. 하지만 이 두 국가가 스웨덴의 수도 스톡홀름에서 북쪽으로 고작 몇 백 킬로미터 떨어진 남쪽에서 서로 국경을 맞대고 있다는 사실을 아는 사람은 많지 않습니다.

　보트니아만Gulf of Bothnia의 입구에는 올란드 제도Åland Islands가 있습니다. 올란드 제도는 대개 스웨덴 사람들이 살고 있는 핀란드의 자치 지역입니다. 이 섬들 중에서 가장 서쪽에 있는 섬은 메르케트섬Märket Island입니다. 이 섬은 작은 바위섬으로 면적은 0.03km²이며, 사람은 살지 않습니다. 이 섬은 매우 독특합니다. 왜냐하면 스웨덴과 핀란드의 국경이 이 섬을 둘로 분할하고 있기 때문입니다. 또한 이 국경선은 올란드 제도의 유일한 육지 국경선이기도 합니다.

　스웨덴과 핀란드가 이 섬을 분할하고 있다는 사실은 특별하지 않을 수도 있

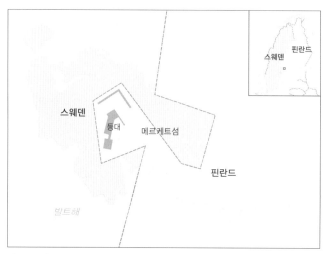

메르케트섬의 위치와 역 'S' 자 모양의 국경선

역 'S' 자 모양의 국경선을 만든 메르케트섬의 등대

습니다. 하지만 국경선의 형태가 매우 독특합니다. 지도를 보면, 이 섬이 역 'S' 자 모습을 한 선으로 분할된 것을 볼 수 있습니다.

이 섬의 국경선이 이렇게 독특하게 분할된 까닭은 무엇일까요? 19세기 말 이 섬의 국경선은 섬 중앙을 가로지르는 직선이었습니다. 그 당시 핀란드는 자치

대공국으로서 러시아 제국에 속했습니다. 러시아와 핀란드는 이 섬에 등대를 세우기로 결정했습니다. 그런데 공사가 끝난 후에야 이 섬의 스웨덴 영토에 등대가 세워졌다는 것을 발견했습니다. 이 문제는 1985년에야 해결되었습니다. 이 섬을 가로지르는 단순한 직선 국경선을 역 'S' 자 모양으로 복잡하게 수정한 것이죠. 핀란드 영토에 등대가 들어 올 수 있도록 다시 경계선을 그린 셈입니다.

국경을 다시 설정할 때 다음 두 가지 필수 사항을 충족해야 했습니다. 첫째, 두 국가는 각각 재설정 이전과 동일한 면적의 영토를 가져야 하며, 둘째, 재설정 이전과 동일한 길이의 해안선을 가져야 합니다. 이는 섬을 둘러싼 해역에서 스웨덴과 핀란드 어민들의 권리를 침해하지 않기 위해서였습니다. 이를 통해 등대가 세워진 땅은 마침내 핀란드 영토가 될 수 있었습니다. 등대는 단지 좁고 가느다란 회랑과 같은 땅으로 이 섬의 나머지 핀란드 부분과 연결되어 있습니다.

메르케트섬이 독특한 이유는 또 있습니다. 바로 시차입니다. 스웨덴은 그리니치 표준시(GMT)보다 1시간 빠른 시간대를 사용하고, 핀란드는 2시간 빠른 시간대를 사용합니다. 따라서 메르케트섬도 스웨덴 지역과 핀란드 지역에 따라 다른 시간대가 적용되어 시차가 발생합니다. 이 섬에 사람이 살았다면 시차로 인해 어떤 흥미로운 일이 생겼을지 궁금해집니다.

33

어제와 내일이 공존하는 디오메드 제도

지구상에서 날짜를 구분하기 위한 경계선이 있는데, 이를 날짜변경선International Date Line이라고 합니다. 날짜변경선은 경도 0°인 그리니치 천문대의 정반대인 경도 180° 지점을 북극에서 남극으로 그은 상상의 선입니다. 날짜변경선은 대개 인구가 많이 거주하는 대륙부와 섬에서 벗어나 태평양의 인구가 적은지역을 통과합니다. 이러한 날짜변경선은 시베리아와 알래스카 사이 베링 해협에 있는 두 섬, 빅디오메드Big Diomede와 리틀디오메드Little Diomede 사이를 지나면서 매우 특별한 상황을 만듭니다.

빅디오메드섬과 리틀디오메드섬은 디오메드 제도Diomede Islands에 속합니다. 디오메드 제도는 두 강대국 미국과 러시아의 국경에 의해 분리되어 있습니다. 서쪽에 있는 빅디오메드섬은 러시아에 속하며, 러시아식 명칭은 라트마노프입니다. 동쪽에 있는 리틀디오메드섬은 미국의 영토입니다. 두 섬은 불과 4km 정도밖에 떨어져 있지 않아서 맑은 날이면 육안으로 서로 확인할 수 있습니다. 두 섬이 이처럼 짧은 거리를 두고 떨어져 있다는 사실과 관계없이 빅디

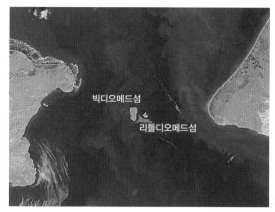
디오메드 제도 위성 사진

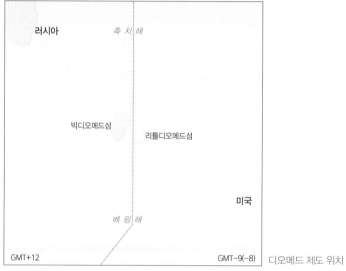

러시아

축 치 해

빅디오메드섬

리틀디오메드섬

미국

베 링 해

GMT+12   GMT-9(-8)

디오메드 제도 위치

오메드섬의 시간은 이웃 섬인 리틀디오메드섬의 시간보다 21시간 빠릅니다.

24시간의 시차가 예상되지만 모든 국가에서 자체적으로 시간대를 규정할 수 있

기 때문에 이것은 사실이 아닙니다. 빅디오메드섬에서는 GMT+12 시간대를

사용하고, 리틀디오메드섬에서는 GMT-9(-8)시간대를 사용합니다. 어찌되었

든 두 섬은 하루라는 차이가 발생합니다. 따라서 리틀디오메드섬은 '어제의 섬

Yesterday Island'으로 불리고, 빅디오메드섬은 '내일의 섬Tomorrow Island'으로 불립니다. 러시아가 미국에 알래스카를 팔지 않았다면 한 섬에서 다른 섬을 바라볼 때 다른 나라, 다른 대륙, 다른 날을 볼 수 있는 재미있는 상황은 발생하지 않았을 것입니다.

　빅디오메드섬의 면적은 30km²이지만 현재 아무도 살고 있지 않습니다. 냉전 시기 지역 주민들이 본토로 강제 이주당했기 때문입니다. 그 이유는 이웃하고 있는 미국 영토 리틀디오메드섬에 있는 사람들과 접촉하는 것을 막기 위해서였습니다. 오늘날에는 작은 군사기지만이 그곳에 있을 뿐입니다. 반면에 리틀디오메드섬의 면적은 불과 7km²밖에 안 되지만 대략 100명의 주민이 살고 있습니다. 이들은 대체로 알래스카 원주민인 이누피아트입니다. 겨울철 혹한과 척박한 환경으로 이곳에서의 삶은 녹록지 않다고 합니다.

34

패스포트아일랜드, 바레인과 사우디아라비아를 연결하기 위해 만든 섬

어떤 섬도 이웃 나라와 공유하지 않는 섬나라가 육지 국경선을 가질 수 있을까요? 대답은 그렇습니다. 사우디아라비아와 작은 이웃 섬 국가 바레인을 연결하는 아이디어는 오래전에 나왔습니다. 그것은 사우디아라비아 왕이 바레인의 지도자를 방문했던 1950년대 중반에 처음 공개적으로 발표되었습니다. 이 아이디어는 1960년대 후반 구체화되어 양국이 건설에 합의했으며, 그 결과 1981년에서 1986년까지 현재 킹파드코즈웨이King Fahd Causeway로 알려진 다리가 건설되었습니다.

킹파드코즈웨이 다리를 건설하는 것은 엄청난 공사였습니다. 그것은 교량 체계로 이루어져 있고, 총길이는 약 25km이며, 4차선 도로의 폭이 20m를 넘습니다. 엄청난 양의 돌, 콘크리트, 강화 철판이 이 다리를 건설하는 데 사용되었습니다. 전체 교량은 세 부분으로 이루어져 있습니다. 첫 번째 부분은 바레인에서 움나산섬Um al Nasan까지입니다. 두 번째 부분은 움나산섬에서 패스포트아일랜드Passport Island에 있는 국경 초소까지입니다. 세 번째 부분은 국경 초소에서

사우디아라비아 본토까지입니다.

패스포트아일랜드라는 이름에서 뭔가 국경이 있을 것 같은 느낌이 들지 않나요? 여권이 필요할 것 같은 느낌은요? 사실 이 섬은 자연적으로 만들어진 섬이 아니라 매우 큰 인공섬입니다. 길이는 거의 2.5km이며 폭은 0.5km 정도 됩니다. 이 섬은 숫자 '8'의 형태로 만들어졌습니다. 8자에서 한쪽은 사우디아라비

킹파드코즈웨이와 패스포트아일랜드 위치

킹파드코즈웨이

아에 속하고, 다른 한쪽은 바레인에 속합니다. 이 섬에는 사우디아라비아와 바레인의 국경 초소, 교량 관리 당국의 건물, 두 개의 모스크, 두 왕국의 해안 경비탑과 두 개의 타워 레스토랑, 그리고 바레인 쪽에 맥도날드 매장도 한 개 있습니다. 이 섬은 녹음으로 가득 차 있고 무엇보다도 아름다운 잔디밭과 야자수가 빼곡하게 들어서 있기 때문에 마치 자연 섬이라는 인상을 줍니다.

사우디아라비아는 매우 엄격한 이슬람 국가입니다. 술, 돼지고기, 영화관이 금지되어 있지요. 그래서 사우디아라비아인이나 사우디아라비아에서 일하는 외국인들은 상대적으로 덜 엄격한 주변 국가에서 유흥을 즐긴다고 합니다. 특히 사우디아라비아 수도 리야드에서 바레인까지는 4~5시간이면 갈 수 있다고 합니다. 그래서 주말이나 휴가철이 되면 킹파드코즈웨이를 이용해 바레인으로 가려는 차가 길게 늘어선다고 합니다.

자주 발생하는 교통 체증 때문에 사우디아라비아와 바레인은 차선을 더 늘리기 위해 섬을 확장하려는 계획을 세웠습니다. 섬을 확장하면서 바레인 쪽에 많은 레스토랑, 커피숍, 상점, 그와 더불어 최첨단 시설을 갖춘 의료 진료소와 함께 대규모의 상업 센터를 건설할 예정입니다.

35

다른 세계와 단절된 삶을 선택한 인도의 노스센티널섬

국경이 존재함에도 불구하고 아무도 공식적으로 인정하지 않는 국경도 있습니다. 그러한 사례 중 하나가 노스센티널섬North Sentinel Island을 둘러싸고 일어나고 있습니다.

노스센티널섬은 인도양 벵골만에 있는 안다만 제도에 속합니다. 안다만 제도는 미얀마 해안의 반대편에 위치하며, 니코바르 제도의 남쪽 섬들과 함께 인도 7개의 연방직할령 중 하나인 안다만 니코바르 제도를 형성합니다. 이곳 섬들은 생태적으로, 민족적으로, 언어적으로, 경제적으로 매우 다양합니다. 그중에서도 노스센티널섬은 안다만 니코바르 제도의 주도 포트블레어Port Blair로부터 불과 50km 떨어져 있지만 이 연방직할령의 어떤 섬들과도 다른 두드러진 특징을 가집니다.

노스센티널섬에는 다른 세계와의 접촉을 완전히 거부하는 한 부족이 살고 있습니다. 이 섬의 면적은 약 70km²로 우리나라 울릉도보다 약간 작은 정도입니다. 해안가의 좁은 모래사장을 제외하면 섬 전체가 울창한 숲으로 덮여 있습니

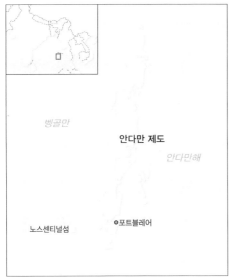

벵골만

안다만 제도

안다만해

노스센티널섬   ⊙포트블레어

노스센티널섬 위치

다. 그리고 100~500명의 노스센티널 원주민이 살고 있습니다. 이들이 자신들을 어떤 이름으로 부르는지는 알 수 없습니다. 일부 자료에 따르면, 그들은 자신들의 섬을 치에타크웨Chiö-tá-kwö-kwé라고 부릅니다. 아마도 그들의 언어는 인근 섬들의 주민들조차 완전히 이해할 수 없을 것입니다.

노스센티널섬의 원주민은 6만 년 전 아프리카를 떠나 아시아의 남부 해안을 거쳐 오스트레일리아로 향한 1세대의 직계 후손으로 추정됩니다. 그들은 키가 작고, 피부가 까맣고, 곱슬머리를 하고 있습니다. 그들의 기술 발달 수준은 아직 석기 시대에 머물러 있습니다. 또한 불, 농업, 2보다 큰 숫자에 대한 지식을 가지고 있지 않다고 알려져 있으며, 수렵과 채집으로 살아갑니다. 그들의 주식은 멧돼지, 과일, 물고기, 게, 꿀, 거북이와 갈매기 알이며, 사냥을 위해 활과 화살, 창과 작살을 사용합니다. 그들은 몇몇 금속 무기와 도구를 가지고 있는데, 이는 섬 주변에서 난파한 배로부터 획득한 것으로 보입니다.

노스센티널섬의 원주민은 외부 세계 사람들에게 매우 적대적입니다. 그들과

노스센티널섬 원주민

접촉하려고 했던 거의 모든 시도들이 비극적인 결말을 맞았습니다. 이 부족은 외부 세계와 어떤 접촉도 원하지 않습니다. 섬 근처에서 좌초한 어선에 타고 있던 어부들, 선교사, 심지어 2004년 인도양 쓰나미 당시 구호 물품을 가지고 접근한 인도 정부조차 공격했습니다. 이들이 이렇게 적대적이 된 이유는 외부인들에게 약탈당한 과거사와 영국 식민지 시절 노스센티널섬을 탐험하려 접근했던 영국인들이 원주민을 납치해 간 사건 때문인 것으로 추정하고 있습니다.

노스센티널섬 원주민들의 외부인에 대한 적대적인 성향은 이 섬 주변에 비가시적인 경계선이 생기는 결과를 가져왔습니다. 공식적으로 노스센티널섬은 인도의 영토지만, 이곳에는 인도 정부도 없고 인도인도 없습니다. 따라서 노스센티널섬은 인도의 자치 지역이나, 심지어 인도의 보호하에 있는 미승인 국가로 간주할 수 있습니다. 인도 및 안다만 니코바르 당국은 2005년 더 이상 노스센티널섬의 원주민과 어떤 접촉도 하지 않을 것이며, 그들을 외부 세계로부터 전혀 방해받지 않고 살 수 있도록 내버려 둘 것이라고 공식적으로 선언했습니다. 게

다가 이 섬으로부터 5해리 이내로는 접근도 할 수 없도록 하는 결정을 내렸습니다. 이는 노스센티널섬의 원주민이 외부인을 공격하지 못하게 할 뿐만 아니라 외부인이 외부 질병에 면역력이 없는 원주민에게 잠재적으로 위험한 질병을 전파하는 것을 막기 위한 목적입니다.

2004년 지진과 쓰나미는 노스센티널섬에 예기치 않는 결과를 낳았습니다. 그 섬은 거의 2m 가까이 상승하였고, 그 결과 이웃 섬과 연결되었습니다. 상승한 산호초는 새로운 건조 지역뿐만 아니라 크고 부분적으로 닫힌 석호를 만들었습니다. 따라서 노스센티널섬은 상당히 확장되었지만, 원주민의 주요 낚시터인 이전의 석호들이 마르게 되는 위험에 처하게 되었습니다. 다행히도 노스센티널섬 원주민의 대부분은 살아남았습니다.

세계에서 원주민 밀집도가 가장 높은 자바리밸리

지구 반대편 브라질과 페루 국경 근처에는 또 하나의 비공식 원주민 국가 자바리밸리(Javari Valley)가 있습니다. 면적은 8만 5000km² 정도로 약 10만 km²인 남한보다 약간 작은 편입니다. 이곳에는 여러 부족으로 이루어진 6,000여 명의 원주민이 살고 있는 것으로 추정되는데, 이들 중 상당수는 현대 문명과 사실상 어떤 접촉도 하지 않았다고 합니다.

36
프랑스와 스위스에 걸쳐 있는 마을 라퀴르

라퀴르La Cure는 프랑스와 스위스 국경에 있는 작은 마을로 스위스 제네바에서 북쪽으로 약 30km 떨어져 있습니다. 라퀴르는 말 그대로 국경에 있습니다. 왜냐하면 라퀴르 마을의 일부는 스위스에 있고, 일부는 프랑스에 있기 때문입니다. 이 국경은 라퀴르 마을, 거리, 심지어 건물을 분할합니다.

19세기 후반까지 라퀴르는 온전히 프랑스 영토였습니다. 1862년 프랑스와 스위스는 다프네 조약Treaty of Dappes을 체결하여 상당히 복잡한 국경의 정확한 위치를 설정하였습니다. 두 국가는 일부 영토를 교환하기로 했는데, 국경은 결국 라퀴르를 통과하여 그어졌습니다. 조약에 따르면 국경이 기존에 있던 건물을 이등분하더라도 상관없이 관통하도록 규정했습니다.

라퀴르 위치

라퀴르에서 가장 유명한 건물은 프랑스

프랑스와 스위스의 국경이 관통하는
아르베즈 호텔의 외부와 내부의 모습

에 절반, 스위스에 절반 걸쳐 있는 아르베즈 호텔Hotel Arbez입니다. 프랑스와 스위스의 국경이 몇몇 방을 이등분합니다. 국경은 심지어 한 객실을 관통하여 더블 침대를 분할하는데 그것이 유명한 관광 명소로 자리 잡았습니다. 아르베즈 호텔은 다프네 조약의 협상과 프랑스와 스위스 정부의 비준 사이 기간에 건설되었습니다. 프랑스의 한 젊은 사업가는 양국 무역을 통해 이익을 얻으려는 심산으로 건물의 1/3은 스위스에, 2/3은 프랑스 영토에 위치하도록 건물을 지었습니다. 조약 비준 이후 그는 건물의 스위스 쪽에는 식료품점을, 프랑스 쪽에는 레스토랑을 열어 원하던 대로 이득을 취했다고 합니다. 그가 죽은 후 그의 자손들은 이 건물을 쥘 장 아르베즈Jules-Jean Arbez(현재 주인의 할아버지)에게 팔았고, 이때 호텔로 개조되어 지금에 이른다고 합니다.

제2차 세계대전에서 독일이 프랑스를 점령하는 동안, 독일 군인들은 이 호텔의 프랑스 구역에 머물 수 있었습니다. 하지만 스위스 쪽으로 횡단하는 것은 엄격히 금지되었습니다. 그래서 많은 유대인과 프랑스 레지스탕스 회원이 독일군을 피해 이곳에 숨어 있었다고 합니다.

세상에 이런 국경

37

국경의 이동으로 분할된
프랑크푸르트(오데르)

전쟁은 비극이지만 전쟁이 끝난 후에는 평화가 찾아옵니다. 이러한 평화에는 몇몇 조건이 붙기도 하는데, 여기에는 새로운 국경 설정도 포함됩니다. 폴란드는 제2차 세계대전 이후 국경을 오데르강Oder River으로 옮기면서 독일로부터 상당한 영토를 획득했습니다. 그 결과, 오데르강이 흐르던 독일의 도시 프랑크푸르트(오데르)Frankfurt(Oder)는 둘로 갈라졌습니다.

프랑크푸르트(오데르)는 독일 연방의 브란덴부르크주에 있는 도시입니다. 이 도시의 인구는 1980년대 약 9만 명에서 30년 후 약 6만 명이 되는 등 꽤 오랫동안 감소세를 보이고 있습니다. 이 도시는 훨씬 일찍부터 사람들이 거주해 왔지만, 13세기 중반에 공식적으로 도시의 지위를 부여받았습니다. 주민들이 처음 정착한 곳은 아마도 오데르강의 좌측이었을 것이고, 오른쪽 강변에 정착한 것은 그 이후에 이루어졌습니다. 19세기에 프랑크푸르트(오데르)는 프로이센과 독일 연방(프로이센은 독일 연방의 일부분)의 경제적 중심지 중 하나였으며, 독일 연방에서 라이프치히 다음으로 큰 연례 박람회가 열리는 도시였습니다.

프랑크푸르트(오데르)와 스우비체 위치

　주요 산업시설이나 군사시설이 없었던 프랑크푸르트(오데르)는 제2차 세계
대전 당시 큰 전투가 별로 없었습니다. 그러나 그것이 도시가 전혀 파괴되지 않
았다는 뜻은 아닙니다. 소련군은 베를린을 침공하는 도중에 완전히 버려지고
텅 빈 이 도시를 불태웠습니다. 제2차 세계대전 이후, 이웃한 두 공산주의 국
가인 동독과 폴란드는 기존의 국경을 조정하여 오데르강을 따라 새로운 국경
선을 그었습니다. 그래서 프랑크푸르트(오데르)의 동쪽 지역인 담보르슈타트
Dammvorstadt는 도시의 나머지 부분과 분리되었습니다. 얼마 후 그곳은 스우비
체Słubice로 이름이 바뀌었습니다.

　스우비체는 오데르강 동쪽에 있는 폴란드 도시입니다. 인구는 약 1.7만 명이
며, 도시명은 예전에 근처에 있던 서슬라브West Slavic 정착지 즐리비체Zliwitz를
따서 지었습니다. 이 이름은 13세기 중반 프랑크푸르트 시 헌장에 언급되어 있
습니다. 그 당시 독일의 브란덴부르크 백작은 폴란드 실레시아의 공작인 볼레
스라우스 2세Boleslaus II로부터 그 땅을 샀습니다. 그때부터 제2차 세계대전까
지 프랑크푸르트(오데르)는 통합된 단일 도시로서 발전했습니다.

세상에 이런 국경

오데르강으로 나뉜 프랑크푸르트(오데르, 왼쪽)와 스우비체(오른쪽). 사진을 자세히 보면 두 도시를 잇는 다리를 아무런 제약없이 자동차들이 달리고 있습니다.

현재 프랑크푸르트(오데르)와 스우비체는 서로 밀접하게 연결되어 있습니다. 폴란드가 2004년에 유럽연합에 가입하고 2007년에 셍겐 조약에 가입하면서 프랑크푸르트(오데르)와 스우비체 간 국경은 실질적으로 폐지되었습니다. 다양한 도시 서비스가 점점 통합되고 있고, 두 도시는 스우비체의 공동정수처리공장과 같은 다양한 프로젝트에 협력하고 있습니다. 16세기에 설립되고 20세기 말에 다시 설립된 비아드리나 유럽 대학교Viadrina European University는 프랑크푸르트(오데르)에 위치하고 있습니다. 폴란드의 포즈난Poznań에 있는 아담 미츠키에비치 대학교Adam Mickiewicz University의 분교를 스우비체에 설립해 통합 도시 프랑크푸르트(오데르)/스우비체를 유럽의 대학과 과학 센터로 만들고 있습니다.

스우비체의 어린이들은 프랑크푸르트(오데르)에 있는 유치원에 다니고 있으며, 2,000명 이상의 폴란드인들이 독일 도시에 살고 있고, 수백 명의 독일인들이 스우비체에 살고 있습니다. 도시 대중교통은 이미 두 도시에 걸쳐 있는 노선을 가지고 있고, 관광 가이드는 오데르강 양안의 문화 유적지를 보여 줍니다. 이들 유적지는 공동으로 관리되고 있습니다. 폴란드어를 점점 독일 유치원과 학교에서 가르치고 있고, 반대로 독일어를 폴란드 유치원과 학교에서 가르치고 있습니다.

38

도로를 마주 보고 있는 독일 헤르초겐라트와 네덜란드 케르크라더

남북으로 달리는 도로의 중앙선을 기점으로 한쪽에는 네덜란드의 도시 케르크라더Kerkrade가 있고, 몇 미터 떨어진 반대쪽에는 독일의 도시 헤르초겐라트Herzogenrath가 있습니다. 두 도시 사이에 분명 국경이 존재하지만 눈으로는 확인할 수는 없습니다.

헤르초겐라트는 독일의 노르트라인베스트팔렌주 아헨 지역에 있는 도시입니다. 이 도시는 11세기 로드Rode라는 정착지에서부터 시작합니다. 이후 약 1,000년 동안 주인이 종종 바뀌었습니다. 대체로 독일 또는 네덜란드에 속해 있었으며, 17세기에는 에스파냐, 18세기에는 오스트리아, 1813년까지는 프랑스가 지배했습니다. 1815년에 빈회의에 따라 로드 땅의 분할이 결정되었고, 1816년 아헨 조약에 따라 네덜란드와 독일(당시 프로이센) 간 국경은 헤르초겐라트 중심을 통과하여 그어졌습니다. 그 결과, 헤르초겐라트의 동쪽 지역은 독일의 통치하에 남게 되었고, 케르크라더라는 새로운 이름의 서쪽 지역은 네덜란드에 양도되었습니다. 케르크라더는 네덜란드 남부 림뷔르흐주Limburg에 속하며, 19

네덜란드 케르크라더와 독일 헤르초
겐라트 위치

세기 초 중요한 광산 중심지였습니다. 그래서 케르크라더는 빠르게 발전할 수 있었고, 주변의 더 작은 마을들을 모두 흡수했습니다.

분할된 도시에서의 삶은 비교적 단순했습니다. 새로운 국경으로 국적이 바뀐 사람들은 여전히 동일한 사투리를 구사했고, 문화적 동일성을 가지고 있었습니다. 제1차 세계대전 동안 국경은 2m 높이의 울타리로 명확하게 표시되었습니다. 그 울타리의 가장 큰 목적은 독일 군인의 탈영을 막는 것이었습니다. 제2차 세계대전이 끝난 후에야 울타리는 높이를 서서히 낮추었습니다. 먼저 높이가 120cm인 훨씬 보기 좋은 철조망으로 교체되었습니다. 이후 1960년대에는 철조망이 높이 60cm의 콘크리트 기둥으로 대체되었습니다. 다음 단계는 이들 콘크리트 기둥을 제거하고 도로 중앙에 높이 20cm의 낮은 콘크리트 분리대를 세운 것이었습니다. 이는 차들이 한쪽에서 다른 쪽으로 건너가는 것을 막기 위해서였습니다. 보행자들은 충분히 분리대를 넘을 수 있었습니다. 양국 주민들이 꽤 오랜 시간 한 나라에서 다른 나라로 더 저렴한 물건을 밀수하는 것은 꽤 흔한 일이었습니다.

왼쪽은 독일 헤르초겐라트의 노스트라세. 오른쪽은 네덜란드 케르크라더의 니우스트라트. 양쪽 도로에 주차된 차의 번호판이 다른 것을 확인할 수 있습니다.

헤르초겐라트와 케르크라더의 유로드 건물

　20세기 말에 두 도시를 가르던 분리대는 완전히 철거되었습니다. 그때까지 분리대의 양쪽에 2차선 도로가 있었습니다. 이 도로의 네덜란드 쪽은 니우스트라트Nieuwstraat라 불렸고, 독일 쪽은 노스트라세Neustrasse라 불렸습니다. 이 거리는 지금 주차 공간, 자전거 도로와 가로수가 있는 양방향 도로입니다. 국경은 표시되어 있지 않지만, 운전자들은 차를 추월할 때마다 국경을 넘습니다.

헤르초겐라트와 케르크라더는 1998년 1월 1일부터 협력을 위해 유로드Eu-rode라는 공동 위원회를 설립했습니다. 위원회는 두 도시의 시의회 의원 8명씩 16명으로 구성되며, 의장은 2년마다 두 도시 시장이 번갈아 가며 맡습니다. 위원회 건물은 노스트라세/니우스트라트 도로가 끝나는 지점에 두 도시에 걸쳐 세웠습니다. 유로드는 경제, 교육, 교통, 법, 문화와 스포츠 등 다방면에서 정책을 내놓으며 협력하고 있지만, 서로 다른 국내법 때문에 제약이 따르기도 합니다. 일례로, 네덜란드 교통 표지판은 독일의 교통 표지판보다 크기가 작은데 도로를 관리하는 독일 당국은 독일 기준에 맞춰 노스트라세/니우스트라트의 표지판을 위아래로 나란히 배치하라고 지시했습니다. 유로드는 표지판을 나란히 배치하기는 했으나 비용 절감 차원에서 네덜란드 표지판 크기에 맞춰 설치했습니다. 독일의 국내법보다 협력을 위한 보다 합리적인 선택을 한 것이죠.

39
부정확한 지도 때문에 도시 일부가
룩셈부르크에 있게 된 벨기에의 마르텔랑주

　도시를 관통하는 국경은 주민들에게 불편을 가져오는 경우가 많습니다. 그러나 때론 그러한 국경이 분할된 도시에 이익을 가져다줄 수도 있습니다. 왜냐하면 이는 사람들의 호기심을 자극해 관광객을 끌어들여 경제 발전에 기여할 수 있기 때문입니다.

마르텔랑주 위치

N4 고속도로. 왼쪽에 있는 집들은 벨기에에 속하고, 오른쪽의 주유소는 룩셈부르크 영토에 있습니다.

마르텔랑주Martelange는 벨기에 남부 왈롱 지역에 있는 도시로 이웃한 룩셈부르크와 국경을 맞대고 있습니다. 한때 하나의 도시였던 마르텔랑주의 일부 지역은 현재 룩셈부르크의 영토이며, 롬바흐Rombach의 일부입니다. 그러나 벨기에 마르텔랑주와의 '쌍둥이'로서의 연관성 때문에 롬바흐-마르텔랑주Rombach-Martelange로 알려져 있습니다.

마르텔랑주는 이 도시를 관통하는 N4 고속도로로 유명해졌습니다. N4 고속도로는 벨기에 수도 브뤼셀과 룩셈부르크 수도 룩셈부르크를 연결하는 주요 고속도로 중의 하나입니다. N4 고속도로는 마르텔랑주를 통과할 때 벨기에와 룩셈부르크의 국경이 됩니다. 특이한 것은 룩셈부르크가 석유, 담배, 주류에 매기는 세금이 벨기에보다 낮기 때문에 N4 고속도로의 룩셈부르크 쪽에는 주유소, 주류 판매점, 담배 가게가 밀집되어 있습니다.

이러한 특이한 국경 상황은 벨기에의 국경이 결정되었던 19세기 중반으로 거

세상에 이런 국경

1967년 마르텔랑주에서의 주유소 폭발 사고

슬러 올라갑니다. 국경위원회는 N4 고속도로 전체가 국경을 넘나드는 것을 피하기 위해 벨기에 영토를 통과해야 한다고 결정했습니다. 그러나 불행하게도 국경위원회는 오래되고 부정확한 지도를 사용했습니다. 그리하여 마르텔랑주 일부 지역이 룩셈부르크 영토에 속하게 되었습니다. 당시 마르텔랑주 시장은 그러한 분할에 관해 항의했습니다. 그 항의는 받아들여졌지만, 당시 룩셈부르크와 함께 연방을 이루었던 네덜란드는 이미 경계 표시를 해 두었습니다. 그래서 마르텔랑주의 분할은 피할 수 없게 되었습니다.

현대에 와서는 마르텔랑주가 일종의 합병을 이루게 되었습니다. 제2차 세계대전 직후 벨기에, 네덜란드, 룩셈부르크로 이루어진 베네룩스 연방이 형성되었고, 조금 후 유럽연합의 전신인 유럽석탄철강공동체, 유럽경제공동체, 유럽공동체가 설립되었습니다. 이들 공동체는 점차 국경을 완화하였습니다.

마르텔랑주에서는 1960년대 말에 대형 폭발 사고가 발생했습니다. 약 45톤의 가스를 실은 대형 트럭이 전복되면서 폭발을 일으켜 22명이 사망하고 50여 명이 부상당했습니다. 약국, 호텔, 우체국, 가게, 은행을 포함한 20개 이상의 건물들이 완전히 파괴되었습니다. 자동차의 결함인지 운전자의 부주의인지 정확한 원인이 밝혀지진 않았지만, N4 고속도로의 룩셈부르크 쪽에 밀집한 주유소 때문에 피해가 커진 것은 분명합니다. 2017년에는 참사 50주년을 기념해 기념관이 개관되었습니다.

　벨기에와 룩셈부르크의 국경은 실제로 N4 고속도로의 중간을 통과하지 않고, 그 도로의 룩셈부르크 가장자리에서 1~2m쯤 떨어진 곳을 통과합니다. 이것은 룩셈부르크 쪽에 있는 거의 대부분이 부분적으로 벨기에에 속한다는 것을 의미합니다. 마르텔랑주는 또한 4개의 언어를 구사하는 도시로도 유명합니다. 마르텔랑주의 벨기에 쪽에서는 왈롱어Wallon, 프랑스어, 룩셈부르크어를 사용하는 반면, 룩셈부르크 쪽에서는 왈롱어, 독일어, 룩셈부르크어를 사용합니다.

40
세계의 사분점

1) 삼합점과 사분점

삼합점은 세 지역의 국경이 교차하는 지리적 지점입니다. 여기서 지역은 국가일 수도 있고 국가의 하위 지역일 수도 있습니다. 세계에는 150~200개의 삼합점이 있으나 그중 일부는 명확하게 규정되지 않습니다. 왜냐하면 주변 국가들 사이에 국경이 합의되지 않았거나 일부는 바다, 강, 호수에 위치하고 있기 때문입니다. 육지 삼합점land tripoints은 대개 명확하게 표시됩니다. 삼합점에는 기둥을 설치하기도 하고 오스트리아, 슬로바키아, 헝가리 삼합점의 사례처럼 삼면 테이블을 설치해 표시하기도 합니다. 삼각형의 각 면은 각 나라의 국기를 표시하고 있습니다.

세계 뉴스에 관심 있는 사람이라면 어떤 사건이 X, Y, Z 국가의 삼합점에서 일어났다는 것을 들어본 적이 있을 것입니다. 그러나 사분점(사합점)은 어떨까요? A, B, C, D 국가의 사분점에서 무언가 일어났다는 것을 들어본 적이 있나요? 아마도 아닐 것입니다. 왜냐하면 세계에서 유일하게 네 국가의 사분점이

오스트리아, 슬로바키아, 헝가리 삼합점에 설치된 테이블

있는 아프리카 잠베지강은 뉴스가 될 만큼 충분히 중요하지 않기 때문입니다.

2) 잠베지강의 사분점: 나미비아, 잠비아, 짐바브웨, 보츠와나의 국경

나미비아, 잠비아, 짐바브웨, 보츠
와나의 국경은 잠베지강의 한 점에서
만납니다. 그런데 보츠와나와 잠비아
는 이 사분점의 존재를 인정하고 있지
않습니다. 그들은 사분점에서 100~
200m 떨어진 곳에 두 개의 삼합점(나
미비아-잠비아-보츠와나, 잠비아-
짐바브웨-보츠와나)이 존재한다고 주

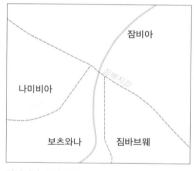
잠베지강의 사분점

장합니다. 보츠와나와 잠비아는 이 두 삼합점 사이의 짧은 국경 위에 다리를 건
설할 계획을 가지고 있습니다. 나미비아와 짐바브웨도 이 계획에 반대하지 않
고 있습니다. 이는 나미비아와 짐바브웨도 사분점이 존재하지 않는다는 것에
암묵적으로 동의한다는 것을 의미합니다.

세상에 이런 국경

러시아(칼리닌그라드), 리투아니아와 폴란드의 두 지방이 만나는 사분점에 세워진 기둥

3) 두 나라의 국경이 만나는 사분점과 결합된 사분점

세계에는 다른 종류의 사분점도 있습니다. 한 사례는 앞에서 살펴본 오스트리아의 유사월경지 융홀츠 근처에 있는 오스트리아와 독일의 사분점입니다. 또 네덜란드와 벨기에가 복잡하게 국경을 맞대고 있는 바를러Baarle에서도 사분점이 나타납니다. 그러한 사분점은 두 국가의 사분점binational quadripoints이라고 합니다.

결합된 사분점combined quadripoint도 있습니다. 두 국가와 제3의 국가 두 지방의 경계가 한 지점에서 교차하는 장소를 말합니다(또는 그와 유사한 결합). 그러한 사례는 리투아니아, 러시아(칼리닌그라드), 폴란드 바르민스코마주르스키주와 포들라스키에주의 경계가 만나는 사분점입니다.

4) 역사 속으로 사라진 사분점

역사상 존재했다가 사라진 두 곳의 사분점이 있습니다. 한 곳은 1960년 몇 달 동안만 존재했던 사분점입니다. 차드호 남쪽 지역에서 세 개의 독립국가 나이

나이지리아, 차드, 카메룬, 영국령 카메룬 경계　　　　　　　　중립 모레스네 경계

지리아, 차드, 카메룬이 영국령 카메룬British Cameroon과 한 점에서 만났습니다. 영국의 위임통치안에 대한 국민투표 후에 북쪽 지역은 나이지리아와 합병하는 것으로 결정되었고, 남쪽 지역은 카메룬과 합병하는 것으로 결정되었습니다. 그리하여 사분점은 삼합점으로 변했습니다.

　또 하나의 사분점은 1830년에서 1920년까지 90년간 지속되었습니다. 그것은 3개의 독립국가 벨기에, 네덜란드, 프로이센과 중립 모레스네Neutral-Moresnet의 국경이 만나는 곳에 형성되었습니다. 중립 모레스네는 1816년 네덜란드와 프로이센에 의해 설립된 콘도미니엄이었습니다. 처음에는 네덜란드와 프로이센, 중립 모레스네의 국경이 만나는 삼합점이었지만, 1830년 벨기에가 네덜란드로부터 독립하면서 사분점이 만들어졌습니다. 이후 1871년 독일제국의 통일로 독일, 네덜란드, 벨기에, 중립 모레스네의 사분점이 되었지요. 1919년 베르사유 조약으로 몇몇 인근의 다른 독일 도시들과 함께 중립 모레스네는 벨기에의 영토가 되었습니다. 오늘날 이 지역은 벨기에의 가장 작은 연방 공동체인 벨기에 독일어 공동체의 일부입니다.

5) 한 국가에 존재하는 사분점

국가 간 국경에 존재하는 사분점은 많지 않지만 국가 내 행정구역 경계에서 존재하는 경우는 종종 있습니다. 세계에서 가장 유명한 이 유형의 사분점은 미국의 콜로라도주, 유타주, 뉴멕시코주, 애리조나주의 사분점으로 포코너스Four Corners라고 불립니다. 콜로라도고원에 위치하며 포코너스 기념물Four

포코너스 경계 기념물

Corners Monument로 불리는 독특한 기념물이 바닥에 표시되어 있습니다. 나바호 자치주(미국 원주민 나바호족 보호 구역)가 1960년대에 이 지역을 개발하면서 관광 명소가 되었습니다.

북미의 또 다른 사분점인 캐나다의 매니토바주, 서스캐처원주, 노스웨스트준주, 누나부트준주 사이에도 사분점이 있지만 이는 아직 모호한 상태입니다. 1999년 노스웨스트준주에서 누나부트준주가 분리되면서 그 경계를 북위 60°, 서경 102°의 교차점이 노스웨스트준주, 매니토바주, 서스캐처원주와 만나는 지점으로 정하였는데, 실제로는 이 경위도 교차점이 나머지 세 주의 경계와 만나지 않는 문제가 발생한 것입니다. 즉 캐나다의 사분점은 아직까지는 법적으로만 존재합니다.

영국의 포셔스톤Four shire stone은 네 개의 잉글랜드 카운티 글로스터셔Glou-cestershire, 옥스퍼드셔Oxfordshire, 워릭셔Warwickshire, 우스터셔Worcestershire의 사분점에 있는 역사적인 기

글로스터셔, 옥스퍼드셔, 워릭셔, 그리고 이전의 우스터셔가 만나는 지점에 있는 포셔스톤

념물로서 경계 표지입니다. 1931년 우스터셔의 경계가 바뀜에 따라, 이 기념물은 다른 세 개 카운티의 삼합점에 서 있습니다.

6) 지방 행정 단위 수준에서의 다지점

보다 낮은 행정 단위에서, 예를 들면 도시와 지방 자치구 수준에서의 다지점multipoints이 있습니다. 그것 중 일부는 상당히 복잡합니다. 핀란드의 투르쿠 Turku 근처에 7개의 지방 자치구가 만나는 7개 지점이 있습니다. 미국 플로리다에는 지역 5개 지점이 있고, 필리핀에는 6개 지점과 8개 지점이 있습니다. 아일랜드와 이탈리아는 둘 다 10개 지점을 가지고 있습니다. 이탈리아 시칠리아주 Sicilia 카타니아Catania의 파크에트나Park Etna를 구성하는 20개 지방 자치구 중에는 무려 11개(그중 1개를 두 번 포함)의 경계선이 만나는 지점이 있는데, 에트나산의 중심에 위치합니다. 이 지점은 아마도 세계 유일의 11개 지점입니다.

6장

주인 없는 땅에 세운 초소형 국가들

41

크로아티아와 슬로베니아의 국경에 있는 브레조비차와 엔클라바 왕국

1) 브레조비차와 무주지

한 국가가 분할될 때 복잡한 내부 경계가 그대로 국경이 되기도 합니다. 크로아티아 카를로바츠Karlovac로부터 멀지 않은 크로아티아와 슬로베니아 국경에 그러한 사례가 있었습니다. 유고슬라비아 사회주의 연방공화국 당시 슬로베니아와 크로아티아 간의 연방 국경은 브레조비차Brezoivica 마을을 통과했습니다. 이 마을의 가장 큰 지역인 브레조비차프리메틀리키Brezovica pri Metliki는 국경을 중심으로 슬로베니아에 속해 있었고, 가장 작은 지역인 브레조비차줌베라치카Brezovica Žumberačka는 현재 카를로바츠주Karlovac County에 있는 크로아티아 자치구인 오잘지Ozalj 마을에 속했습니다.

브레조비차줌베라치카는 면적이 0.02km² 정도이며 30여 명의 주민이 사는 몇몇 집만 있지만, 이웃의 슬로베니아 마을 브레조비차프리메틀리키와 함께 한 지역을 형성하고 있습니다. 흥미롭게도 크로아티아와 슬로베니아는 국경선이 정확하게 어디인지 확신하지 못하는 것 같습니다. 심지어 현재 아주 작은 월경

브레조비차줌베라치카, 브레조
비차프리메틀리키 위치

지가 더 있을 가능성도 있습니다. 이러한 상황은 슬로베니아와 크로아티아가 유럽연합에 가입한 현재는 큰 문제가 되지 않습니다.

또한 브레조비차에서 북동쪽으로 100km쯤 떨어진 곳에 슬로베니아, 크로아티아, 헝가리의 3중 국경 지역이 있을 가능성이 있습니다. 일부 지도에 따르면, 무라강Mura River에 있는 슬로베니아의 작은 지역은 슬로베니아의 나머지 지역과 분리된 것으로 나타나고 헝가리와 크로아티아 사이에 위치합니다. 그것이 두 국가 간에 놓여 있기 때문에 이 이름 없는 영토는 진정한 월경지는 아니지만, 3중 국경의 두 국경을 가진 슬로베니아의 월경지입니다. 이 국경 지역은 아직 완전히 규정되지 않았기 때문에 앞으로 변화가 있을 수 있습니다.

2) 무주지와 초소형 국가 엔클라바 왕국

브레조비차 일대는 양국이 서로 영유권을 주장하며 경계가 불분명합니다. 이 곳에는 사람이 살지 않는 땅이 있었는데 이곳에 폴란드인 피오트르 바브르진키에비치Piotr Wawrzynkiewicz와 동료들은 엔클라바 왕국Kingdom of Enclava이라는 초소형 국가를 선포했습니다. 엔클라바 왕국의 약 93m²(28평) 땅은 슬로베

세상에 이런 국경

니아의 메틀리카Metlika 마을 근처에 있으며, 크로아티아의 수도 자그레브에서 서쪽으로 50km 떨어져 있습니다. 엔클라바 왕국은 이 땅을 무주지라고 설명했습니다. 그러나 슬로베니아 정부가 공식적으로 자신의 영토임을 주장함에 따라 세르비아와 크로아티아의 국경이 있는 다뉴브강의 무주지로 옮겨 다시 국가를 선포했습니다. 이는 세계에서 두 번째로 작은 국가입니다. 이 근처에는 먼저 국가로 선포한 초소형 국가 리버랜드 자유공화국Svobodná Republika Liberland이 있습니다. 피오트르 바브르진키에비치는 무주지에 국가를 설립하기 때문에 국가 존재의 모든 권리를 주장하면 언제든지 인정을 받을 수 있다고 주장합니다만, 다른 초소형 국가와 마찬가지로 국제사회의 인정을 받지는 못하고 있습니다.

엔클라바 왕국은 입헌군주제를 채택하고 있으며 엔클라바 1세는 설립자인 피오트르 바브르진키에비치입니다. 이곳은 면세 지역이며, 공식 언어로 영어, 폴란드어, 크로아티아어, 슬로베니아어 그리고 특이하게 중국어를 채택하고 있습니다. 헌법은 제작하고 있으며 2022년 현재 1,000여 명이 시민권을 부여받았습니다. 엔클라바 왕국은 피부색, 종교, 국적에 관계없이 누구나 될 수 있으며 자신의 의견을 표현할 수 있고 무료로 학교를 다니고 세금 걱정 없이 일을 할 수

엔클라바 왕국 위치

있을 것이라고 밝히고 있습니다.

지난 수십 년 동안 전 세계에서 초소형 국가를 선포하는 일이 있었는데, 이런 경향은 인터넷 발달로 더욱 활성화되었습니다. 인터넷이 발달하면서 전 세계 사람들에게 초소형 국가의 설립을 알릴 수 있게 되었고, 인터넷을 통해 시민을 모집할 수도 있게 되었습니다. 이는 기득권에 대한 좌절과 불만을 국가 기관에 표현하는 방법이 되기도 했습니다.

42

세르비아와 크로아티아의 국경 분쟁에서
어부지리로 생긴 리버랜드 자유공화국

1) 다뉴브강을 중심으로 한 세르비아-크로아티아의 국경

유고슬라비아 사회주의 연방공화국 해체 이후 형성된 국가들은 상호관계를 개선하려고 노력했습니다. 특히 가능한 한 분쟁을 피하기 위해 정확한 국경을 설정하는 것이 무엇보다 중요했습니다. 과거 유고 연방 시절 대부분의 국경은 가장 높은 권위를 가진 유고슬라비아 공산당이 결정했습니다. 이렇게 설정된 국경은 유고 연방 해체 이후 새롭게 독립한 국가의 국경으로 대개 받아들여졌습니다. 하지만 일부 지역에서는 국경을 둘러싼 문제가 국가 간 큰 쟁점이 되기도 하였습니다.

세르비아와 크로아티아의 자연적 국경 역할을 하던 다뉴브강이 그랬습니다. 세르비아는 국경을 다뉴브강의 한가운데를 따라 설정해야 한다고 주장했습니다. 반면 크로아티아는 과거 지적을 담당한 지방자치당국이 설정한 경계를 따라 국경을 설정해야 한다고 주장했습니다.

지방자치당국이 지적도상에 설정한 경계는 19세기 당시 다뉴브강의 유로를 따라 결정한 것이었습니다. 이후 다뉴브강의 유로는 때로는 자연적으로, 때로는 항해를 짧게 하기 위해, 또는 홍수의 위험을 줄이기 위해 인위적으로 변경되었습니다. 이것이 크로아티아가 오늘날 다뉴브강의 한가운데서 하류 쪽을 바라보았을 때, 좌측 강둑에 있는 약 100km²에 대한 소유권을 갖고 있는 반면, 오른쪽 강둑에 있는 약 20km²만 세르비아에 속한다고 주장하는 이유입니다. 이 국경 분쟁은 제2차 세계대전 직후에 처음 시작되었지만, 두 나라가 유고 연방에 포함되면서 잦아들었습니다. 연방 해체와 독립으로 국경 문제가 다시 대두되었고, 크로아티아가 유럽연합에 가입한 2013년에 분쟁이 극심했습니다.

　현재 이 지역의 국경은 세르비아가 주장하는 다뉴브강의 한가운데를 따라 하류로 내려가는 것으로 간주됩니다. 이에 따라 분쟁 지역의 대부분을 세르비아가 실효 점유하고 있습니다. 재미있는 사실은 두 나라의 국경 분쟁으로 누구의 영토도 아닌 무주지가 생겨 났다는 점입니다. 서로 더 많은 영토를 주장하다 보니 어쩔 수 없이 어느 나라에도 포함되지 않는 땅이 생겨난 것이지요. 그중 하나가 크로아티아의 바라냐Baranja와 세르비아의 바치카Bačka 사이의 하중도 시가섬Siga Island입니다. 모래톱으로 이루어진 하중도 시가섬은 우리나라 난지도의

다뉴브강의 하중도 시가섬

세상에 이런 국경

두 배 정도인 7km² 크기의 작은 섬입니다. 이곳은 원래 세르비아의 영토였으나 1990년대 유고슬라비아 내전 종결 무렵 크로아티아의 지배 아래 놓이게 되었습니다. 크로아티아는 이를 세르비아에 반환함으로써 더 유리한 국경선을 획정할 계획이었으나, 세르비아 역시 더 넓은 다른 영토를 얻기 위해 반환을 받아들이지 않았습니다.

당연히 세르비아는 시가섬을 무주지가 아니라 크로아티아의 영토로 간주합니다. 이러한 불명확한 상황은 두 국가가 국경에 관해 최종 합의할 때까지 또는 국제적 중재가 해결책을 제시할 때까지 존속될 것입니다.

2) 다뉴브강 시가섬에 리버랜드 자유공화국을 선포하다

무주지 아닌 무주지가 된 시가섬에 주목한 한 사람이 있었습니다. 체코의 정치인 비트 예들리치카Vit Jedlička는 무주지에 국가 건립을 허용하는 국제법을 근거로 2015년 4월 시가섬에 자유를 뜻하는 리버랜드 자유공화국Free Republic of Liberland을 세웠습니다. 그리고 자신의 지지자들과 함께 이곳을 방문해 국기를 게양하고 초대 대통령으로 선출되었습니다.

예들리치카는 체코의 자유시민당Party of Free Citizens 당원입니다. 자유시민당은 자유지상주의 이념을 표방하고 유럽연합에 회의적인 입장을 취하고 있습니다. 이러한 성향의 예들리치카는 체코 정치를 개혁하는 것보다 새로운 국가를 찾는 게 더 쉬운 일이라고 생각해 실행에 옮겼다고 합니다. 리버랜드 자유공화국은 자유를 신봉하며, 정부는 최소한의 기능만 수행하고, 세금은 내고 싶은 만큼 자발적으로 낸다고 합니다. 범죄 전력이 없는 사람이라면 누구나 리버랜드에 시민권을 신청할 수 있습니다. 시민권은 온라인으로 신청받고 있는데, 5,000달러의 비용이 듭니다. 이 비용은 노동이나 전문지식으로 대체할 수 있다고 합니다.

  리버랜드가 당면한 가장 큰 문제는 크로아티아가 영토 진입을 막고 있다는
것입니다. 실제로 리버랜드에 들어가려던 예들리치카 대통령이 크로아티아 경
찰에 체포되기도 했습니다. 세르비아와 크로아티아는 리버랜드에 대해 언급할
가치가 없다는 입장을 취하고 있으며, 체코 외무부에서는 예들리치카의 활동
은 체코 정부와 관련이 없다고 밝혔습니다. 관련된 어느 나라도 인정하고 있지
않지만 리버랜드는 꾸준히 시민을 모집하며 국가로 인정받기 위한 활동을 이
어 나가고 있습니다. 2017년 9월, 리버랜드는 마찬가지로 미승인국가인 소말릴
란드와 양해 각서를 체결했지만, 널리 인정받는 다른 국가들의 승인은 얻지 못
했습니다. 만약 리버랜드가 정식 국가로 인정받는다면, 바티칸시국과 모로코에
이어 세계에서 세 번째로 작은 국가가 됩니다.
  리버랜드를 비롯한 초소형 국가들이 닐 스티븐슨의 소설『스노 크래시』에 나
오는 '소수민족 거주지burbclaves'와 같은 인류의 정치적 미래가 될 수 있을까
요? 현재로서 그럴 가능성은 아주 미미하고 당장은 이런 운동이 주변부적인 것
에 불과하지만, 분명히 이런 공동체 건설이 터무니없는 꿈은 아닙니다. 게다가

예들리치카가 지적한 대로 이런 국가들이 오늘날 우리가 잘 아는 나라들보다 더 이상한 것 같지도 않습니다. 예들리치카는 "사람들은 리버랜드를 가상 국가라고 하더군요. 우스꽝스러운 평가죠. 다른 국가는 뭐 다른가요? 건국이라는 건 사람

리버랜드 자유공화국 국기

들이 상상을 통해 만들어 낸 허구에 불과합니다."라고 말합니다.

43

비르타윌과 공주가 되고 싶은 딸을 위해 세운 북수단 왕국

1) 이집트와 수단의 영토 분쟁과 무주지 비르타윌

북아프리카의 최북단에 있는 이집트와 국경을 마주하고 있는 수단은 영토 분쟁을 겪었습니다. 소위 '할라이브 트라이앵글Hala'ib Triangle'이라 부르는 영토 분쟁입니다. 할라이브 트라이앵글은 이집트와 수단의 국경지대에 삼각형을 이루는 지역으로 면적은 20,580km²입니다.

1899년 이집트와 수단을 보호령으로 통치하던 영국은 북위 22°선을 양국의 경계로 획정하였습니다. 이에 따라 할라이브 트라이앵글은 이집트 영토로 편입되고 이 지역과 경계가 맞닿은 비르타윌은 수단에 속하게 되었습니다. 1902년 영국이 행정 편의상 경계를 별도로 설정하여 할라이브 트라이앵글은 수단에, 비르타윌은 이집트에 속하게 됨으로써 영토 분쟁의 불씨가 잠복하였습니다.

할라이브 트라이앵글은 홍해에 인접할 뿐 아니라 철강 산업에 필수적인 망간이 매장되어 있어 전략적 가치가 큽니다. 따라서 1956년 수단이 영국과 이집트의 공동 통치령에서 벗어나 독립하면서 이집트와 수단이 동시에 이 지역에 대

이집트와 수단의 분쟁 지역, 할라이브 트라이앵글과 비르타윌

한 주권을 주장하기 시작하였습니다. 1958년 2월 이집트에서 이 지역에 군대를 파견했다가 얼마 후 철수했으며, 이후로도 어느 한쪽의 영토로 편입되지 못한 상태가 유지되었습니다. 1991년 12월 수단이 할라이브 트라이앵글 홍해 연안의 석유 탐사권을 일방적으로 캐나다에 양도하자 이집트가 크게 반발하면서 갈등이 표면화되었습니다. 1992년 3월 양국 간 협상 시도가 무산되자 이집트가 국경 초소를 증설했고, 같은 해 4월 국경 지역에서 총격전이 벌어져 수단 경찰 4명이 사망하였습니다. 이에 수단이 유엔에 중재를 요청했으나 이집트가 거부했고, 1993년 5월 양국이 이 지역에 군사력을 증강해 긴장이 고조되었습니다.

다행히 1990년대 후반에 들어서면서 긴장 관계가 상당히 완화되었습니다. 1999년 12월 양국 대통령이 이 지역의 분쟁을 평화적으로 해결하겠다는 공동 성명을 발표한 데 이어 2000년에는 수단이 이 지역에서 병력을 철수함으로써 이집트가 실효 지배하고 있습니다. 하지만 이후에도 수단은 이 지역에 대한 권리를 주장하고 있으며, 2009년에는 이 지역을 선거구에 포함하는 계획을 세웠다가 이집트에 저지되기도 하는 등 분쟁의 소지는 여전히 남아 있습니다.

2) 공주가 되고 싶은 딸을 위해 비르타윌에 북수단 왕국을 선포하다

이집트와 수단이 가치 있는 할라이브 트라이앵글에 대해서는 서로의 영토라고 주장하는 것과 달리 사막 지역인 비르타윌은 어느 나라도 영유권을 주장하고 있지 않습니다. 비르타윌은 이집트가 점유하고 있지만, 이집트가 공식적으로 만드는 지도에는 비르타윌이 포함되어 있지 않습니다. 딸에 대한 사랑이 남달랐던 한 아버지는 주인 없는 비르타윌에 북수단 왕국을 세웠습니다.

2014년 6월 미국 버지니아주에 거주하던 광부 제러미아 히턴Jeremiah Heaton은 자신의 딸이 공주가 되기를 원하자 방법을 찾아나섰습니다. 무주지에 국가를 세우고 자신이 왕이 되면 딸을 공주로 만들 수 있다는 말에 그는 무주지를 찾기 시작했습니다. 마침내 히턴은 비르타윌에 자신이 직접 고안한 북수단 왕국 국기를 게양하고 비르타윌을 북수단 왕국의 영토로 선포하였습니다. 국명을 북수단 왕국으로 정한 것은 비르타윌이 수단의 북쪽에 있는데다, 몇 년 전에는 '남수단'이 수단에서 독립해 나왔으니 '북수단'이 생겨도 괜찮다고 생각했기 때문이라고 합니다. 이렇게 해서 '북수단의 왕'이 된 히턴은 공주가 되고 싶은 딸 에

북수단 왕국 국기 앞에 선 히턴과 딸 에밀리

세상에 이런 국경

밀리에게 작은 왕관을 만들어 준 뒤 '에밀리 공주'로 서임했습니다. 에밀리의 두 오빠, 12살 저스틴과 10살 케일럽은 왕자가 되었습니다. 히턴은 언론과의 인터뷰에서 "아이들의 소망과 꿈이 실현될 수 있도록, 말 그대로 내가 지구 끝까지라도 찾아갈 것이라는 점을 보여 주고 싶었다."라고 말했습니다. '딸 바보' 아빠의 유쾌한 건국사라고 해야 할까요. 초소형 국가의 특성상 공식 국가로 인정될지는 불투명하나 북수단 왕국은 이집트를 비롯한 주변국들의 승인을 받기 위해 노력 중입니다.

44

바다 위 철골 구조물에 세운 시랜드 공국

시랜드 공국은 '공국'이라는 이름은 붙었지만 바다 위에 덩그러니 떠 있는 550m² 크기의 철골 구조물이 전부입니다. 상주 국민도 1~2명뿐이지요. 이곳은 어떻게 나라가 된 것일까요?

영국은 제2차 세계대전 당시 해안 방어의 거점으로 해상 구조물들을 건설했습니다. 그중 영국과 11km 정도 떨어진 포트 러프스Fort Roughs는 1942년에 건설되었습니다. 전쟁 중에는 병력이 상시 거주했지만 전쟁이 끝난 후 모두 떠났고, 1956년부터는 방치되었습니다. 그러던 1967년, 패디 로이 베이츠Paddy Roy Bates라는 퇴역 군인이 당시 영국의 영해 밖에 존재하던 이 요새를 가족, 몇몇 친구들과 함께 점령하는 사건이 일어났습니다. 이어 독립 선언을 발표하고 이곳을 시랜드 공국으로 선포했습니다. 또 자신을 로이 베이츠 공이라고 칭했습니다. 영국은 이 사실을 알고 해군을 파견했지만 시랜드 주민들이 총을 쏘며 격렬히 저항해 퇴거시키지 못했습니다. 그 뒤 영국 정부는 재판을 걸었지만 1968년에는 시랜드 공국이 영국의 영해였던 3해리 밖에 존재했으므로 패소하고 말

시랜드 공국 위치

았습니다.

1987년부터는 영해의 범위가 해안으로부터 12해리로 바뀌며 시랜드 공국도 영해 확장을 천명했지만 영국은 무반응으로 일관하고 있습니다. 시랜드 공국은 국장과 국가, 헌법, 통화와 여권까지 만들었으며 신분제로 이루어진 정치 체제 까지 정하며 국가의 기틀을 닦았습니다.

1978년에는 독일과 네덜란드인들이 베이츠 공의 아들인 마이클 베이츠Michael Bates를 포로로 잡고 무단으로 섬을 탈취하려는 '외자의 난'이 일어났습니다. 이에 시랜드 주민 20여 명이 총출동해 그들을 진압해 포로로 붙잡아 독일과 협상을 하기도 했습니다. 나라의 역할을 톡톡히 한 셈이지요. 2006년에는 화재 가 발생해 국토의 대부분이 폐허가 되어 재건 공사를 하느라 재정난에 시달리 다 2007년 시랜드를 매물로 내놓는 어려움도 있었습니다. 일본, 에스파냐, 덴마 크 국적의 개인이나 단체가 구매 협상에 나섰지만 교통이 불편하다는 이유로 협상은 결렬되었습니다. 공국은 아직도 유지되고 있으며, 2대 공작인 마이클 베이츠가 운영하고 있습니다.

시랜드 공국이 위치한 러프 요새

　시랜드 공국의 주 수입원은 홈페이지를 통해 기념품과 귀족 및 기사 작위, 주화, 우표를 판매하는 것입니다. 연간 국내총생산은 약 60만 달러에 1인당 국민소득은 약 22,000달러라고 합니다. 마약 관련 범죄자들이 여권을 사들여 악용하는 경우도 있었다고 합니다.

　시랜드 공국을 독립국가로 인정한 나라나 정부는 없으며, 시랜드 공국이 영토로 삼고 있는 철골 구조물은 국제법상 영토로 인정받지도 못합니다. 하지만 시랜드 공국은 여전히 건재하죠. 영미권에서는 이런 '초소형 국가'를 세우는 일이 그리 드문 일이 아니라고 합니다. 나만의 국가를 세울 수 있는 것이 현실적으로 가능하다는 게 신기하면서도 한번 해 보고 싶기도 합니다.

7장

독특한
내부
경계

45

유라시아 대륙의 경계를 분할하는
튀르키예 최대의 도시 이스탄불

    유럽에서 가장 큰 도시, 중동에서 가장 큰 도시, 세계에서 여섯 번째로 큰 도시, 3,000년에 가까운 역사를 자랑하는 도시, 세계 제국의 수도였던 도시…. 이들 조건을 모두 충족하는 도시는 한 나라에 비해 너무 크고, 심지어 한 대륙에 비해서도 너무 큽니다. 바로 유라시아 대륙에 걸쳐 있고, 유라시아 대륙을 분할하는 튀르키예의 최대 도시 이스탄불의 이야기입니다.

유라시아 대륙의 경계를 분할하는 튀르키예 이스탄불의 위치

이스탄불은 인구가 1,500만 명 정도이며, 면적은 약 2,500km²를 차지하며 유럽과 아시아 두 대륙에 걸쳐 있습니다. 이 거대도시는 튀르키예의 문화적, 경제적, 역사적 중심지입니다. 상업, 역사 중심지는 이스탄불의 유럽 쪽에 위치하고 있으며, 이곳에 이스탄불 인구의 2/3가 거주하며 나머지는 아시아 쪽에 살고 있습니다. 대륙을 가르는 도시 양 옆으로 마르마라해와 흑해를 끼고 있으며, 둘을 연결하는 보스포루스 해협이 도시를 가로지릅니다.

오늘날 이스탄불의 유럽 쪽에 해당하는 곳은 아테네 출신의 그리스 개척자들이 비잔티온Bizantion이라는 이름으로 기원전 7세기에 처음으로 거주했습니다. 시간이 흘러 73년 로마 제국에 속하게 되면서 라틴어식 발음인 비잔티움Byzantium으로 불리게 되었습니다. 비잔티움은 4세기에 급속하게 발전했습니다. 이때 콘스탄티누스 1세는 비잔티움을 콘스탄티노플이라는 이름으로 바꾸고 로마 제국의 새로운 수도로 정했습니다. 1453년에 오스만 제국이 콘스탄티노플을 정복한 후 1923년 튀르키예 공화국의 선포까지는 코스탄티니예Kostantiniyye라는 이름으로 불렸습니다. 이 시기에 이스탄불Istanbul이라고도 불렸는데, 이는 '도시로to the city'를 의미하는 그리스어 '이스 팀 블린is tim bolin'으로부터 온 것으로 추정됩니다. 이스탄불은 1923년 튀르키예 공화국의 선포 이후 유일한 공식 이름이 되었습니다.

오늘날 이스탄불은 6세기 비잔틴 제국의 유스티니아누스 1세 통치 기간 중 지은 유명한 성 소피아 성당Aya Sofya, 블루 모스크라는 이름으로 더 잘 알려진 술탄 아흐메드 모스크Sultan Ahmed Mosque와 같은 기념비적인 건축물로 유명합니다. 프랑스 베르사유 궁전을 모티브 삼아 지었다는 화려한 돌마바흐체 궁전 Dolmabahçe Palace도 유명한 볼거리이지요. 이러한 역사 유적들을 묶어 이스탄불 역사지구로 유네스코 세계유산에 등재하기도 했습니다. 한편 이스탄불은 높은 인구밀도로 유명합니다. 인구가 많기도 하지만 이런 아름다운 유산을

↕ 이스탄불의 전경 ↕ 돌마바흐체 궁전

보러 온 관광객 때문에 항상 사람들로 붐빈다고 하네요.

이스탄불의 아시아 쪽은 이스탄불에서 유일한 온천이 있으며, 상업·주거 지구, 공원, 마리나marina 등이 조성되어 있습니다. 이스탄불의 아시아 쪽은 다리와 철도 터널로 유럽 쪽과 연결되어 있습니다. 이 터널을 공사할 때 역사 유물이 계속해서 발견되었기 때문에 터널 공사가 수차례 지연되고 마감일이 연장되었습니다. 현재는 세 번째 다리와 두 번째 터널 건설이 계획되어 있습니다.

46

유라시아 대륙의 경계가 되는 우랄강을 따라 분할된 도시들

우랄강은 우랄산맥의 남사면에서 발원하여 카스피해로 흐릅니다. 우랄강의 전체 길이는 거의 2,500km이고, 유럽에서 세 번째로 긴 강이며, 아시아에서는 18번째로 긴 강입니다. 우랄강의 수원지는 러시아의 바시코르토스탄 공화국 Republic of Bashkortostan이며, 이곳에서의 강력한 물의 흐름은 야이크Yaik로 알려져 있습니다. 우랄강의 러시아 이름은 8세기 말까지 야이크였습니다. 우랄강의 하구는 카자흐스탄에 있습니다. 카자흐스탄의 우랄강 유역 주민들은 우랄강을 자이크Jaiyq라 부릅니다.

우랄강은 유럽-아시아 경계의 일부를 형성합니다. 유럽-아시아 전체 경계는 우랄산맥, 우랄강, 카스피해, 코카서스산맥, 흑해, 보스포루스 해협, 마르마라해, 다르다넬스 해협을 통과합니다. 시간이 지남에 따라 우랄강의 한 강둑 위에 형성되었던 많은 도시는 점점 다른 강둑으로 확장되었습니다. 많은 도시가 두 개의 대륙에 걸쳐 확장된 것이지요. 그리하여 2,500km의 우랄강의 강줄기는 두 대륙 사이에 있는 도시들을 분할하게 되었습니다.

우랄강 위치

그중 하나가 마그니토고르스크Magnitogorsk입니다. 우랄강의 강둑에 있는 마그니토고르스크는 우랄산맥 남쪽 끝자락에 위치한 산업 도시입니다. 인구는 최근에 감소하고 있지만, 여전히 4만 명이 넘는 주민들이 살고 있습니다. 마그니토고르스크 제철소Magnitogorsk Iron and Steel Works: MMK는 이 도시의 주요 산업 시설로, 러시아의 주요 제철소 중 하나입니다. 큰 철광석 산지와의 근접성이 제철 공업 도시로 발전하는 데 기여했습니다. 마그니토고르스크의 제철 공업은 제2차 세계대전 동안 결정적으로 중요한 역할을 했습니다. 마그니토고르스크는 최전방과는 거리가 멀어서 다량의 철강을 생산할 수 있었습니다. 물론 그러한 대량 생산은 심각한 환경오염을 야기했고, 이는 현재 진행형입니다. 마그니토고르스크는 세계에서 가장 오염이 심한 도시 중 하나로 뽑히기도 했지요. 주변 철광석이 고갈됨에 따라 마그니토고르스크 제철소는 카자흐스탄에서 철광석을 수입하고 있습니다.

마그니토고르스크에서 남쪽으로 약 250km 떨어진 우랄강 유역에 두 대륙에 걸친 또 다른 도시 오르스크가 있습니다. 오르스크에는 약 24만 명의 주민들이 살고 있습니다. 오르스크는 18세기 동안 중요한 무역 중심지였습니다. 또한 최고급의 숄과 스카프 생산으로 유명했습니다. 20세기에 오르스크는 주목할 만한 준보석인 벽옥 생산지로 잘 알려져 있습니다.

오르스크로부터 250km 더 하류에 있는 오렌부르크주의 수도인 오렌부르크

오렌부르크의 유럽과 아시아를 가르는 다리. 사진의 아래쪽이 유럽. 건너편이 아시아입니다.

는 두 대륙으로 확장한 또 하나의 도시입니다. 이 도시의 대부분은 유럽에 있고, 일부가 아시아에 있습니다. 오렌부르크는 카자흐스탄과의 국경으로부터 100km 정도 떨어진 곳에 위치해 있습니다. 이러한 지리적 이점을 이용해 중앙아시아 지역과 교류하며 상업도시로 성장했습니다. 오렌부르크의 인구는 50만 명이 넘고, 러시아에서 가장 큰 에너지 회사가 이곳에 있습니다. 게다가 이 도시에는 많은 대학, 기관, 박물관, 극장이 있습니다. 이들은 오렌부르크를 중요한 교육 및 문화의 중심지로 만들고 있습니다.

우랄강이 러시아-카자흐스탄 국경을 횡단하는 지점으로부터 직선으로 약 85km 떨어진 곳에서 우랄강은 카자흐스탄의 두 대륙을 횡단하는 첫 번째 도시

세상에 이런 국경

아티라우를 가로지르는 우랄강

인 오랄Oral을 통과합니다. 오랄의 대부분은 우랄강의 서쪽, 즉 대부분 유럽에 위치합니다. 일부 소규모의 주거지와 공항이 우랄강의 동쪽, 즉 아시아에 위치합니다. 오랄은 17세기에 야이츠크Yaitsk라는 이름으로 건설되었으며, 우랄스크로 이름이 바뀌었다가 1991년 카자흐스탄이 독립하면서 현재의 이름이 되었습니다. 오늘날 오랄은 카자흐스탄에서 중요한 경제, 문화 중심지이며, 카스피해 지역의 유전 지대와 남부 우랄의 산업 도시들을 연결합니다.

카스피해에 면한 우랄강 하구에는 1991년까지 구리예프Guryev로 알려진 아티라우Atyrau라는 도시가 있습니다. 약 20만 명의 인구를 가진 이 도시는 석유 산업과 어업으로 유명합니다. 이곳은 카스피해에 있는 두 개의 주요 카자흐스탄의 항구 중의 하나이며, 러시아로 이어지는 카자흐스탄 석유 파이프라인의 일부가 이 도시에서 시작합니다.

47
아시아의 내부 경계

　세계의 많은 국가는 대개 행정구역 차원에서 내부 경계를 가지고 있습니다. 가능하면 이웃 국가들과 좋은 관계를 유지하기 위해 국경을 단순화하려는 것과 마찬가지로, 내부 경계 역시 간단하고 명확해야 합니다. 소련과 유고슬라비아의 붕괴 사례에서처럼 내부 경계가 명확하게 규정되지 않으면 갈등의 원인이 될 수 있다는 것은 역사를 통해 여러 번 증명되었습니다. 그럼에도 불구하고 일부 국가는 여전히 특이한 내부 경계를 가지고 있습니다.

1) 인도의 연방 직할지, 푸두체리

　과거 퐁디셰리Pondicherry로 불렸던 푸두체리Puducherry는 인도의 연방 직할지입니다. 푸두체리는 492km²밖에 되지 않는 가장 작은 면적으로 가장 뿔뿔이 흩어져 있는 연방 직할지입니다. 푸두체리 연방 직할지는 4개의 지구로 구성되는데 이들은 모두 월경지입니다. 이들 지구의 일부는 추가로 월경지를 포함하며, 주요 추가 월경지는 11개입니다. 이 지역에서는 이를 포켓pockets으로 부릅

니다. 퐁디셰리, 야남Yanam, 카라이칼Karaikal 3개 지구는 벵골만에 위치하고 있으며 9km² 면적의 가장 작은 지구인 마헤Mahe는 아라비아해에 위치합니다. 이러한 파편화는 식민 통치와 관련 있습니다. 프랑스는 인도를 식민 통치하기 위해 1673년 퐁디셰리를 시작으로 푸두체리를 건설했습니다. 인도는 영국의 식민지가 되었지만 푸두체리는 프랑스령으로 남아 있었습니다. 이후 1954년 인도에 반환되었으며, 비록 4개 지구가 수백 킬로미터 떨어져 있지만 하나의 연방 직할지가 되었습니다.

2) 아랍에미리트

아랍에미리트의 내부 경계도 마찬가지로 매우 복잡합니다. 우리나라에서 에미리트Emirate는 '토후국'으로 번역됩니다. 아랍에미리트는 7개의 에미리트, 즉 아부다비, 두바이, 샤르자, 아즈만, 움알카이와인, 라스알카이마, 푸자이라가 연합하여 하나의 국가를 형성하고 있습니다. 공용어는 아랍어이지만 1971년까지 영국의 식민 통치하에 있었고, 외국인 인구가 많아 영어가 널리 쓰이고 있습니다. 7개의 에미리트 중 가장 큰 에미리트인 아부다비를 제외하면, 다른 에미리트는 월경지와 이중월경지를 가지고 있습니다.

아랍에미리트의 영토 대부분은 과거 오만 제국의 영토였습니다. 오만 제국이 분열하고 여러 부족이 토후국을 건설하는 과정에서 현재와 같은 복잡한 월경지들이 생겨났습니다. 라스알카이마와 샤르자는 한 부족이었으나 이들이 분열하면서 라스알카이마는 영토가 가운데서 잘렸고, 오만만의 칼바와 코르파칸은 샤르자의 월경지가 되었습니다. 또 샤르자에서 푸자이라가 독립하면서 중간중간 퍼즐 조각처럼 월경지들이 생겨났지요. 라스알카이마, 샤르자, 푸자이라가 혼란한 상황에서 아즈만은 내륙의 월경지를 차지했습니다. 두바이는 오만과 아즈만 간의 분쟁 덕분에 오만으로부터 하타를 양도받게 되어 월경지를 가지게 되

아랍에미리트의 내부 경계

세상에 이런 국경

아부다비의 스카이라인

었습니다.

연방 정부는 대통령제로 운영되는데, 각 에미리트 통치자들이 모인 연방최고회의에서 대통령과 부통령을 선출합니다. 건국 이후 관례상 국토와 경제 규모가 가장 큰 아부다비 통치자가 대통령을 맡아 오고 있습니다. 그다음으로 서열이 높은 두바이가 부통령과 총리를 겸임하고 있습니다. 오일머니로 경제를 발전시킨 아부다비, 석유 생산은 미미하지만 금융·무역·교통·관광으로 경제를 발전시킨 두바이를 제외한 북부 에미리트들은 상대적으로 경제 기반이 약합니다. 그래서 연방 정부는 북부 에미리트들을 지원해 제조업, 농업, 수산업 등에 투자하고 있습니다.

3) 인도네시아

세계에서 면적이 넓고 인구가 밀집한 국가 중 하나인 인도네시아는 34개의 지방으로 구성되어 있습니다. 이들 중 두 지방이 독특합니다. 가장 서쪽의 아체 Aceh 특별자치주는 동남아시아 최초로 이슬람교가 전파된 곳으로 이슬람법을 완전히 시행하는 유일한 인도네시아 지방입니다. 아체주는 아체 술탄국이 존재하던 곳으로 20세기 초 아체 술탄국이 네덜란드의 식민지가 되면서 역사 속

아체와 복야카르타 위지

으로 사라졌지만, 네덜란드에 저항하며 꾸준히 독립 운동을 벌였습니다. 제2차 세계대전 종식과 함께 인도네시아가 독립한 후 인도네시아에 편입되었으나 인도네시아로부터 독립하기 위해 꾸준히 노력했습니다. 그러나 독립하지는 못하고 자치주로 남아 있으며, 인도네시아 중앙 정부와 갈등을 빚고 있습니다.

자바섬의 남부에 있는 욕야카르타Yogyakarta 특별구역은 인도네시아의 모든 지방 중에서 유일한 이슬람 왕정 체제인 술탄 국가입니다. 욕야카르타 술탄국은 18세기 중반 설립된 나라로 네덜란드의 식민 지배를 받는 중에도 유지되었습니다. 인도네시아 독립 전쟁 당시 욕야카르타 술탄들은 인도네시아에 협력해 상당한 공을 세워 인도네시아로부터 특별 지위를 인정받아 술탄국을 이어갈 수 있었습니다.

48

미국의 내부 월경지

1) 엘리스섬

19세기 말부터 20세기 중반까지 행운을 찾아 미국을 찾은 수백만 명의 이민자들이 처음 배에서 내린 곳은 엘리스섬Ellis Island이었습니다. 자유의 여신상이 있는 리버티섬Liberty Island에서 1km도 안 떨어진 엘리스섬은 0.11km² 정도로 작은 섬이지만 뉴욕주와 뉴저지주 간의 상당히 특이한 경계로 분할됩니다.

19세기 뉴욕주와 뉴저지주는 당시 뉴저지 영해에 위치한 엘리스섬을 뉴욕주의 월경지로 합의했습니다. 엘리스섬은 미국으로 들어오는 수많은 이민자의 출입국 관리를 담당하기에 너무 작았습니다. 그리하여 엘리스섬은 간척을 통해 면적을 넓혀 왔으며, 면적이 원래 규모보다 10배 정도 증가했습니다. 그러자 뉴저지주는 엘리스섬의 원래 있던 부분만이 뉴욕주에 속하며, 간척을 통해 확장된 부분은 뉴저지주에 속한다고 주장했습니다. 뉴저지주는 소송을 제기했고 연방 법원은 뉴저지주의 손을 들어주었습니다. 두 주의 경계와 관계없이 엘리스섬은 과거 2세기 동안 미국 정부의 재산이었습니다.

뉴저지주 속의 뉴욕주 엘리스섬
과 리버티섬

엘리스섬에 도착한
이민자들

리버티섬의 상황 또한 특이합니다. 이 섬은 뉴욕주에 속하지만 섬 주위의 해역은 뉴저지주에 속합니다. 그래서 뉴욕주와 뉴저지주는 자유의 여신상의 소유권을 서로 주장하고 있습니다.

2) 켄터키벤드

미국 켄터키주의 가장 남서쪽 지점은 켄터키벤드Kentucky Bend라 불리는 반도입니다. 켄터키벤드는 미시시피강의 큰 감입곡류로 형성되었으며, 20명 정도의 주민들이 살고 있습니다. 45km²의 반도의 유일한 육지 연결 부분은 남쪽

세상에 이런 국경

에 있으며, 그곳에서 테네시주와 경계를 이룹니다. 미시시피강이 접한 삼면의 경계는 미주리주와 접하고 있어 육지로도 강으로로도 켄터키주와는 떨어진 월경지입니다. 켄터키주와 미주리주의 경계는 미시시피강으로, 켄터키주와 테네시주의 경계는 위선으로 정한 까닭에 월경지가 만들어지게 되었습니다.

미시시피강은 곧 테네시주와 연결된 이 목 부분을 절단해 켄터키벤드를 섬으로 만들 것입니다. 이를 지형학 용어로 곡류핵meander core이라고 합니다. 그 후 북쪽 이웃인 미주리주와 점차적으로 연결될 것입니다. 유로가 직선이 되고 곡류하던 유로는 물이 흐르지 않아 구하도로 변하기 때문입니다.

3) 또 다른 특이한 내부 경계

미국 조지아주에 있는 작은 마을, 약 220명의 주민이 사는 페인Payne은 23만 명의 주민이 사는 보다 큰 도시 메이컨Macon 내에 있는 월경지였습니다. 수차례 국민 투표의 실패 끝에, 페인은 마침내 공식적으로 2015년에 해체되어 메이컨에 속하게 되었습니다. 유사한 상황이 소도시 노리지Norridge와 하우드하이츠Harwood Heights에서도 나타납니다. 이 두 도시는 공식적으로 시카고 내의 월경지입니다. 미국에는 이러한 사례들이 많이 있습니다. 펜실베이니아주에만 도시, 마을, 지방 자치구 내에 300개 이상의 내부 월경지가 있습니다.

49

월경지를 가진 유럽의 도시들

1) 독일의 브레멘과 함부르크

독일의 가장 작은 주인 브레멘주는 니더작센주에 둘러싸인 두 개의 월경지로 구성되어 있습니다. 하나는 주도인 브렌멘시이고, 다른 하나는 베저강이 북해로 흘러드는 곳에 위치한 브레머하펜Bremerhaven시로 두 도시는 약 60km 떨어져 있습니다.

베저강Weser river 연안에 위치한 브레멘은 베저강을 통한 무역을 통해 부를 축적하고 자유 도시로서 자치를 누렸습니다. 나폴레옹 전쟁 당시에는 프랑스의 속국이 되기도 했으나 나폴레옹 몰락 이후 빈회의를 거쳐 독일 연방의 자유 도시 지위를 가진 주로 편입되었습니다. 베저강에 모래가 계속 퇴적됨에 따라 브레멘은 새로운 항구가 필요해졌습니다. 그래서 1827년 하노버 왕국으로부터 지금의 브레머하펜을 구입해 항구 도시를 세웠습니다. 다시 말해 브레머하펜은 브레멘에 항구를 제공하기 위해 만들어진 월경지인 셈입니다. 게다가 브레머하펜의 북동쪽의 페흐르무어 지역은 니더작센주에 속하는 좁은 스트립에 의해 분

브레멘주

리되어 있습니다. 사실상 브레멘주는 세 개의 월경지로 구성된 것이지요.

독일 함부르크주도 월경지를 가지고 있습니다. 도시국가 함부르크는 북해에서 남쪽으로 약 110km 떨어진 엘베강Elbe River 연안에 위치하고 있습니다. 함부르크에서 엘베강을 따라 약 120km 떨어진 북해에는 세 개의 섬 월경지인 노이베르크Neuwerk, 샤르회른Scharhörn, 니게회른Nigehörn이 있습니다. 노이베르크섬이 가장 크며, 세 섬 중 유일하게 사람이 사는 섬입니다.

함부르크는 엘베강을 이용한 무역을 통해 성장했기 때문에 일찍부터 북해에 있는 노이베르크섬과 샤르회른섬에 진출했습니다. 노이베르크섬에는 북해와 엘베강을 오가는 배를 살피기 위해 세운 탑이 있는데 훗날 등대가 되었으며, 오늘날에는 호텔로도 이용되고 있습니다. 샤르회른섬에도 탑을 설치해 배들이 좌초되지 않도록 도와주었습니다. 니게회른섬은 샤르회른섬 주변을 매립해서 만든 인공섬입니다. 원래 이곳에 항구를 만들고 철도로 함부르크까지 연결해 경제적으로 이익을 얻고자 했으나 막대한 비용과 무엇보다 환경운동가들의 반대에 부딪쳐 결국 무산되었습니다.

사실 노이베르크섬, 샤르회른섬, 니게회른섬을 포함한 주변 바다는 1990년 바덴해 국립공원으로 지정되어 관리받고 있습니다. 이곳은 갯벌과 모래톱이 넓

노이베르크섬, 샤르회른섬, 니게회른섬

노이베르크섬의 등대

게 펼쳐져 있어 배가 다니기는 쉽지 않지만 수많은 동식물의 서식처로서는 아
주 훌륭한 곳입니다. 특히나 샤르회른섬은 바다새의 서식처로 특별 관리를 받
고 있습니다.

2) 에스토니아의 코흐틀라예르베

에스토니아의 도시 코흐틀라예르베Kohtla-järve는 다섯 개의 월경지(예르베 Järve, 아흐트메Ahtme, 솜파Sompa, 쿠쿠루세Kukruse, 오루Oru)로 구성되어 있으며, 다섯 개 지구는 서로 떨어져 있습니다. 이 도시에는 약 37,000명의 주민들 (대다수는 러시아 민족)이 살고 있고, 가장 멀리 떨어진 월경지 간의 거리는 약 30km입니다.

코흐틀라예르베가 이렇게 독특한 형태를 하고 있는 것은 오일셰일과 관련이 깊습니다. 20세기 초 이 지역의 오일셰일이 채굴되면서 노동자들을 위한 코흐틀라예르베라는 이름의 마을이 생겨났습니다. 이후 구소련 시기에 오일셰일 채굴이 크게 늘면서 코흐틀라예르베는 도시가 되었고, 이후 오일셰일 광산이 있

거나 이를 가공하는 산업 시설이 있는 정착지들이 통합되면서 월경지로 구성된 도시가 만들어졌습니다. 소련이 붕괴하고 에스토니아가 독립한 이후 몇몇 지구는 도시로 독립하거나 다른 도시에 편입되면서 오늘날과 같이 다섯 개의 지구로 이루어진 도시가 되었습니다.

코흐틀라예르베를 구성하는 다섯 개 지구

3) 몰도바의 가가우지아

가가우지아Găgăuzia는 몰도바에 있는 자치 지역입니다. 이 지역의 이름은 대다수의 인구를 차지하는 가가우즈Găgăuz 민족의 이름을 따서 지었습니다. 가가우즈족은 튀르크계 민족으로 19세기 초 러시아 제국이 이 지역으로 이주시켰습니다. 이 지역은 제1차 세계대전 이후 루마니아에 속했다가 제2차 세계대전 이후에는 몰도바 소비에트 사회주의 공화국에 속하며 소련의 구성국이 되었

습니다. 소련 당시 루마니아계 몰도바 사람들 사이에서 몰도바를 루마니아에 병합하자는 주장이 제기되었는데, 민족적으로 다른 가가우즈족은 이에 불안감을 느끼고 독립을 시도하기도 했습니다. 그러나 독립하지는 못했고, 소련 해체 이후 몰도바가 독립하면서 가가우지아의 처리를 두고 몇 년간 협상이 이어졌습니다. 그 결과 가가우지아 자치 지역을 두기로 하였으며, 50% 이상 가가우즈족이 거주하는 곳은 주민투표에서 과반수가 넘는 조건을 충족하여 자치

가가우지아의 위치

지역의 지위를 얻게 되었습니다. 가가우즈족이 적은 지역도 주민의 1/3이 요청하면 주민투표를 실시할 수 있었습니다. 주민투표 결과 가가우지아는 몰도바 남부에 네 개의 서로 떨어진 자치 지역을 갖게 되었습니다. 몰도바 헌법에 따르면 몰도바의 지위가 바뀔 경우에(루마니아계 몰도바인은 여전히 루마니아에 통합되고 싶어합니다), 가가우지아는 독립을 선언할 권리를 가집니다.

세상에 이런 국경

50
오스트레일리아의 내부 월경지

1) 저비스베이준주

    섬나라인 오스트레일리아는 어떤 다른 나라와도 육지상에 국경을 가지고 있
지 않습니다. 그러나 세계에서 가장 작은 대륙이면서 가장 큰 나라인 오스트레
일리아는 특이한 내부 경계를 가지고 있습니다. 오스트레일리아는 6개의 주(웨

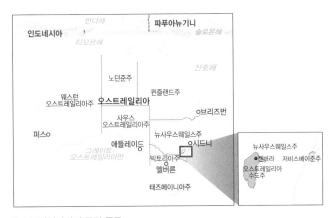

오스트레일리아의 주와 준주

오스트레일리아 저비스베이의 포인트 퍼펜디큘러 등대(Point Perpendicular Lighthouse)

스턴오스트레일리아주, 사우스오스트레일리아주, 뉴사우스웨일스주, 퀸즐랜드주, 빅토리아주, 태즈메이니아주), 2개의 본토 준주major mainland territories(노던준주, 오스트레일리아수도주), 저비스베이준주로 구성된 연방 국가입니다.

첫 번째 특이한 경계는 오스트레일리아수도주의 영토와 관련됩니다. 이 영토는 뉴사우스웨일스주에 있는 월경지이며, 태즈먼해에서 약 100km 떨어져 있습니다. 오스트레일리아수도주가 설립되었을 때, 이 지역이 바다에 접근할 수 있어야 한다는 결정이 통과되었습니다. 이를 위해, 뉴사우스웨일스주로부터 태즈먼만의 저비스베이준주를 양도받았습니다. 이 영토는 사실상 1989년까지 오스트레일리아수도주에 속했습니다. 1989년 오스트레일리아수도주는 더 강력한 내부 권력을 획득했고, 저비스베이준주는 주 자치 정부를 세우며 분리되었

세상에 이런 국경

습니다. 그러나 여전히 수도주의 선거에 포함되어 아직 수도주의 일부로 여겨지기도 합니다.

저비스베이가 오스트레일리아수도주에 양도될 때 저비스베이 북쪽의 비크로프트반도Beecroft Peninsular는 제외되었습니다. 따라서 뉴사우스웨일스주에 있는 오스트레일리아수도주에 둘러싸인 뉴사우스웨일스의 월경지가 생기게 되었습니다. 비크로프트반도는 사람이 거의 살지 않으며 오스트레일리아 군사 훈련을 위해 사용됩니다.

2) 바운더리섬

또 하나의 특이한 내부 경계는 오스트레일리아의 빅토리아주와 태즈메이니아주의 육지 경계입니다. 태즈메이니아주가 섬이기 때문에 이들 주의 육지 경계는 어떤 지도에는 나타나지 않습니다. 그러나 그것은 분명 존재합니다. 그것은 태즈메이니아주를 오스트레일리아로부터 분리하는 배스 해협Bass Strait에 있는 작은 바운더리섬Boundary Islet에 위치합니다.

태즈메이니아주의 북쪽 바다 경계를 규정할 때, 그 선은 남위 39°12′을 따라 그어졌습니다. 당시에는 바운더리섬이 이 선 북쪽에 위치한다고 생각했습니다. 그러나 실제로는 바운더리섬을 관통했지요. 태즈메이니아주의 유일한 육지 경계이자 길이가 겨우 85m에 불과한 오스트레일리아주들 사이의 최단 경계는 이렇게 탄생했습니다. 바운더리섬의 면적은 약 0.06km²이며, 바람과 파도에 의해 무자비하게 침식되어 맨바위를 드러내고 있습니다.

빅토리아주와 태즈메이니아주의 경계가 지나는 바운더리섬

51

영국에 속하지 않는 영국 왕실령 섬들

영국의 섬 군도British Isles Archipelago는 두 개의 주권 국가를 포함합니다. 하나는 영국이고, 다른 하나는 아일랜드입니다. 이 중 영국은 4개의 독립체 잉글랜드, 스코틀랜드, 웨일스, 북아일랜드로 구성됩니다. 이들 독립체 각각은 일정

정도의 자치권를 가지지만, 영국 연합을 형성합니다. 영국 주변에는 작은 섬들이 많이 있습니다. 그러나 이 섬들 중에서 일부는 다른 모든 섬과 차이가 있습니다. 왜냐하면 그 섬들은 영국에 속하지 않기 때문입니다. 그 섬들은 영국 왕실령 섬Crown Dependencies이라는 이름으로 알려져 있습니다.

왕실령은 영국 왕실이 소유한 왕실의 재산으로, 여기에 포함되는 섬은 맨섬

영국 왕실령 섬 위치

맨섬의 모습

Isle of Man, 저지섬Jersey, 건지섬Guernsey입니다. 이 섬들이 영국에 포함되지 않기 때문에 여기에 거주하는 사람은 영국 국민이 아닙니다. 따라서 영국이 유럽연합 회원국이었던 시절에도 왕실령에 속한 주민들은 유럽연합의 혜택을 누리지 못했습니다. 이들은 자치권을 가지고 있으며, 의회도 별도로 운영합니다. 국방과 외교는 영국이 담당하고 있지만 영국 정부는 이 지역에 대한 어떠한 권한도 없습니다.

맨섬은 영국과 아일랜드 사이의 아일랜드해에 위치합니다. 면적 570km²에 인구는 약 8만 명 정도 거주합니다. 영국과 맨섬은 관세동맹을 맺고 있는데, 매우 낮은 세금 때문에 많은 회사가 본사를 맨섬에 등록하고 있습니다. 국가 원수는 만국의 군주Lord of Mann라는 칭호를 가진 영국의 군주입니다(영국의 군주가 왕이든 여왕이든지 이 칭호는 항상 같습니다). 이 섬의 의회인 틴발트Tynwald는 세계에서 가장 오래된 의회 중의 하나이며(가장 오래된 아이슬란드 의회 이후 불과 40년 정도 지난 10세기 말에 설립되었습니다), 여성에게 총선 투표권을 준

건지섬의 모습

세계 최초의 국가 입법 기관입니다. 대략 인구의 절반이 켈트족 출신입니다. 언어는 영어와 북유럽어의 영향을 많이 받은 맨섬어Manx입니다. 비록 2천 명 이하의 사람들이 그 언어를 사용하지만, 이를 되살리기 위해 많은 노력이 이루어지고 있습니다.

채널 제도Channel Islands에는 두 개의 왕실령 섬이 존재합니다. 그중 하나는 저지섬으로 채널 제도에 있는 섬 중 가장 크고, 이웃 작은 섬들과 함께 저지 행정 관할구를 이룹니다. 저지섬은 프랑스 노르망디 해안에서 약 20km 떨어져 있습니다. 영국은 헌법상 저지섬 방어에 책임이 있습니다. 영국 군주는 노르망디 공작Duke of Normandy이라는 칭호를 가지고 저지섬에서 통치하며, 총독이 이 섬을 대표합니다. 이 섬은 약 120km^{2}의 면적을 차지하며, 약 10만 명의 주민들

건지섬의 모습. 사진 아래쪽의 하얀색 구조물은 포트그레이(Fort Grey)로 나폴레옹 전쟁 당시 방어를 위해 세웠다고 합니다.

이 살고 있습니다. 주민 대부분은 영어를 사용합니다. 적은 사람들이 근처 노르 망디에서 유래한 노르만어의 한 형태인 제리에어Jèrriais를 사용합니다.

채널 제도에 있는 두 개의 왕실령 중 보다 작은 건지섬은 약 78km²의 면적을 차지하고 65,000명의 주민들이 살고 있습니다. 그들 중 단지 2%만이 노르만어 의 한 변형인 건지어를 유창하게 구사할 수 있으며, 공용어는 당연히 영어입니다. 건지섬 관할 구역에는 사람이 거주하는 사르크섬Sark과 올더니섬Alderney, 몇몇 무인도가 포함됩니다. 비록 건지섬 관할 구역은 왕실령에 속하지만 사르크섬과 올더니섬도 자치권도 가지고 있습니다. 채널 제도의 일부로서 저지섬과 건지섬은 중세의 노르망디 공국Duchy of Normandy의 마지막 잔재와 제2차 세계 대전 당시 독일군이 점령한 영국의 유일한 영토입니다.

참고문헌

김영덕, 2011, 엑스클레이브, 다임.

류평, 김문주 옮김, 2009, 인류의 운명을 바꾼 역사의 순간들: 전쟁편, 시그마북스.

마고사키 우케루, 양기호 옮김, 김충식 해제, 2012, 일본의 영토 분쟁: 독도, 센카쿠, 북방영
        토, 메디치미디어.

서정철·김인환, 2010, 지도 위의 전쟁: 고지도에서 찾은 한중일 영토 문제의 진실, 동아일
        보사.

세계영토분쟁연구회, 2014, 세계 영토분쟁의 과거와 현재, 강원대학교출판부.

앨러스테어 보네트, 박중서 옮김, 2015, 장소의 재발견, 책읽는수요일.

앨러스테어 보네트, 방진이 옮김, 2019, 지도에 없는 마을, 북트리거.

장 크리스토프 빅토르, 김희균 옮김, 2007, 아틀라스 세계는 지금, 책과함께.

장 크리스토프 빅토르·비르지니 레송·프랑크 데타르 지음, 안수연 옮김, 2008, 변화하는
        세계의 아틀라스, 책과함께.

조슈아 키팅, 오수원 옮김, 2019, 보이지 않는 국가들, 예문아카이브.

존 클라크·제러미 블랙·마르쿠스 카우퍼·데이비스 데이·체트 헌·길리언 허친슨, 김성은
        옮김, 2007, 지도 박물관, 웅진지식하우스.

최장근, 1988, 한중국경문제연구, 백산자료원.

팀 마샬, 김미선 옮김, 2016, 지리의 힘, 사이.